国防科技战略先导计划

★★★“十三五”★★★
国家重点出版物出版规划项目

丛书主编 李业惠

颠覆性军事技术

DISRUPTIVE MILITARY TECHNOLOGY

SMART MANUFACTURING

智能制造

刘亚威 等编著

图书在版编目（CIP）数据

智能制造 / 刘亚威等编著 . — 北京 : 国防工业出版社，2023.9（2025.1重印）
（颠覆性军事技术丛书）
ISBN 978-7-118-13073-7

Ⅰ . ①智… Ⅱ . ①刘… Ⅲ . ①军事工业—智能制造系统—研究—世界 Ⅳ . ① F416.48

中国版本图书馆 CIP 数据核字 (2023) 第 173129 号

出版：国防工业出版社（北京市海淀区紫竹院南路 23 号　邮政编码 100048）
印刷：雅迪云印（天津）科技有限公司
经销：新华书店
开本：710×1000　1/16
印张：14
字数：228 千字
版次：2025 年 1 月第 1 版第 2 次印刷
印数：5001-8000册
定价：96.00 元

（本书如有印装错误，我社负责调换）
国防书店：（010）88540777　书店传真：（010）88540776
发行业务：（010）88540717　发行传真：（010）88540762

丛书序

党的十九大报告深刻指出，要推进科技强国建设，突出关键共性技术、前沿引领技术、现代工程技术、颠覆性技术创新。学习贯彻党的十九大精神，需要我们的科技工作者瞄准世界科技前沿，积极探索，谋求前瞻性、引领性原创科技成果重大突破。而颠覆性技术领域的创新发展即是取得这一突破的关键。

“颠覆性技术”（Disruptive Technology）一词最早出现在哈佛大学克莱顿·克里斯滕森教授1995年撰写的《颠覆性技术的机遇浪潮》一文中。虽然“颠覆性技术”和“颠覆性创新”最初是从商业角度提出的，但一经提出就受到了各国的广泛关注。当前，颠覆性技术创新已上升为很多国家的顶层科技战略。

颠覆性技术的发展是有脉络可循的：一是创新材料，创造出自然界中不存在的材料或结构，实现性能的提升，如超材料、高含能材料等；二是实现新制造，利用新的制造方法或模式提升性能或降低成本或缩短周期，如3D / 4D打印、智能制造等；三是利用新空间，利用人类此前未利用过的空间，如借助高超声速技术实现对临近空间的利用；四是物化新原理，验证新发现的科学原理的实用价值，如定向能武器技术、量子信息技术等；五是争取新解放，实现工具使用方式的根本变化，如通过人与工具融合强化自我的人效增强技术、使人类进一步解放自我的脑科学。

颠覆性技术和多项既有技术交叉融合衍生的产品，如智能电子设备、无人飞行器等已逐渐走入并改变了我们的工作和生活，在民用领域大放异彩。而在军事领域，颠覆性技术因对武器装备、作战概念乃至战争形态的深远影响，受到了世界各国的特殊关注，正在成为世界主要国家推动军事变革的重要引擎。当前，对“颠覆性军事技术”的研究和探索已成为热点。

颠覆性军事技术通过颠覆原有的技术途径，进而颠覆既有的攻防手段、直至颠覆传统的作战样式。历史已经证明，“胜利总是向那些预见战争特性变化的人微笑”，面向未来，我们唯有积极向前，力争抢占颠覆性技术发展先机，才有可能赢得和平。而让更多人了解，进而掌握、运用颠覆性军事技术，对加速颠覆性技术驱动的军事创新，赢取未来作战“制高点”至关重要。

为了给部队官兵和国防科技人员提供一个系统了解颠覆性军事技术发展的途径，在军委科技委战略先导计划的支持下，丛书编委会就丛书整体设计在广泛调研和论证的基础上，开展大量工作，最终确定将人工智能、智能制造、超高能高效毁伤技术等典型颠覆性军事技术的相关内容汇集成册，并周全遴选作者人选。丛书编写队伍在充分理解编委会意图的前提下，依托丰富的研究成果、深厚的素材积累，运用通俗的语言，全面展现技术的概念、原理及其在军事应用上的新思想、新方法，最终呈现了这套知识性、可读性俱佳的精品。

希望“颠覆性军事技术丛书”能够给关注国防科技创新发展，尤其是颠覆性技术军事应用的部队官兵和一线国防科技人员提供一个好的入口和起点。

“颠覆性军事技术丛书”

编审委员会

“颠覆性军事技术丛书”

编辑委员会

《智能制造》编写组

刘亚威　阴鹏艳　戴　晟　朱霄燕
张　慧　李晓红　黄秋实　苟桂枝

《智能制造》审稿专家（以姓氏笔画排序）

王　健　王　焱　刘晓非　李　清
吴进军　张洪海　赵云祎　侯志霞
高彬彬　魏　巍

前言：“巴统”的棒与特朗普的墙

1987 年初，旨在限制成员国向社会主义国家输出高新技术和战略物资的巴黎统筹委员会（简称“巴统”）召开年会，会上美国人播放了一组幻灯片，揭露了日本东芝集团向苏联秘密输出战略性核心技术——高档数控机床的行为。5 月底，美国指示日本政府对东芝集团进行突击检查，大批警察封锁东芝大楼，查获了全部相关资料，并且以非法出口高科技装备的罪名抓走了机械公司铸造部部长林隆二、机床事业部部长谷村弘明等人。6 月，美国国会通过东芝制裁法案，几年内禁止东芝集团所有产品向美国出口，而美军也取消了一系列涉及东芝的合同。东芝集团首脑被迫辞职，而且花费 1 亿日元在美国的 50 多家报纸上整版刊登“悔罪广告”，希望挽回其声誉。时任日本首相中曾根康弘也不得不向美国道歉，并且制定了更为严格的出口管理法，以获得美国的原谅。

“棒打东芝”全因苏联和东芝导演的一出狸猫换太子的大戏。1981—1983年，苏联以高价诱惑日本东芝并几经运作，终于绕开“巴统”的管制，秘密获得了4台最先进的MBP-110S型五轴联动数控铣床，以及NC-2000数控系统。20世纪80年代的勃列日涅夫时代后期，苏联在农业和居民消费品方面的生产陷入困境，工业机械设备的进口几乎全部停止，那么苏联为什么费尽周折，划拨巨款要搞到那几台机床呢？原来，这些机床是苏联提升核潜艇螺旋桨加工能力所迫切需要的。核潜艇一直是苏联与美国进行全球对抗的战略性杀手锏之一，自1957年核潜艇部队成立以来，核潜艇的噪声问题一直是苏联海军的心病，让这支部队对美国的威胁大

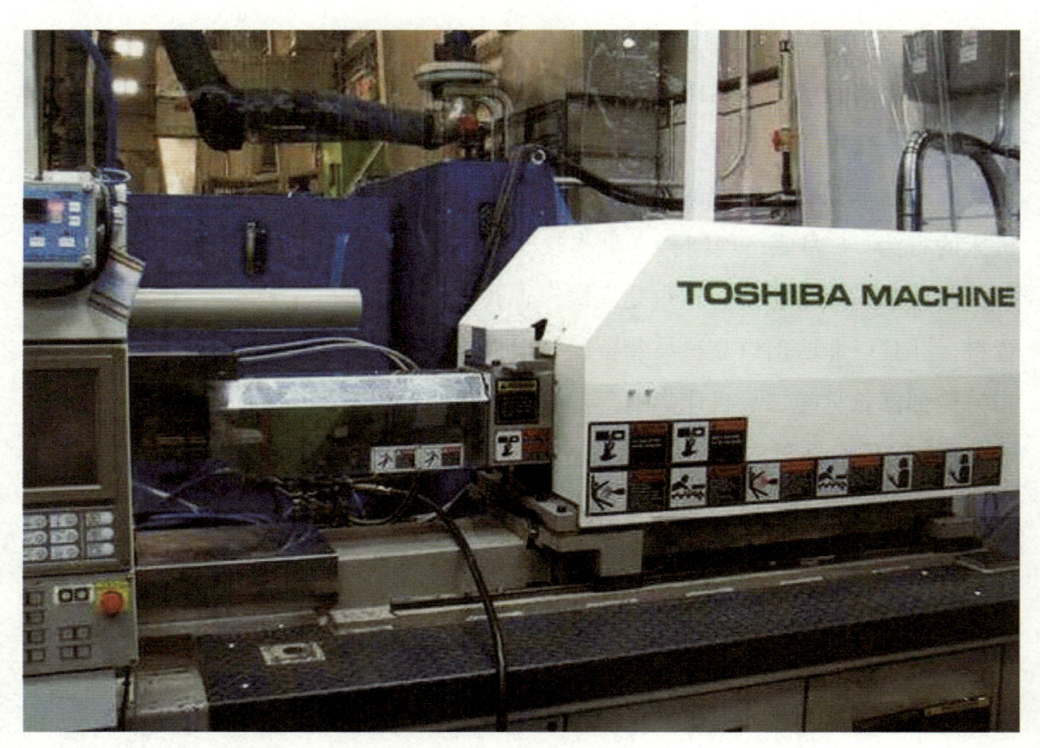

当年苏联渴求的东芝机床

打折扣。一个著名的例子就是，苏联的“阿尔法”级攻击型核潜艇在挪威海域活动的时候，引起的水声振荡有时甚至可以被设在大西洋另一侧的美国海军百慕大群岛水声监听站探测到。

潜艇螺旋桨的制造工艺直接影响水下噪声和作战能力

低噪声螺旋桨的精密加工技术能力一直是有着“傻大笨粗”之称的苏联工业体系所缺少的，要生产这种在水下推进时漩涡小、噪声小、敌方声纳难以侦测的先进螺旋桨，就需要由计算机数字控制的高精度加工机床。苏联从 20 世纪 70 年代起一直希望从西方国家获取这些制造装备，而且是不惜一切代价，可惜屡屡被美国横加阻拦。如今，因为这些高端装备的引进，苏联的军工企业可谓鸟枪换炮，精密加工技术能力一下提升了几个档次，很快生产出了一批技术性能先进的核潜艇。这些潜艇的噪声控制得越来越小，只有原来的 1/10~1/100，让敌方声纳几乎变成了“聋子”，美国潜艇必须靠近到 20 海里以内才能发现并跟踪到苏联潜艇，甚至出现了 1986

年美苏核潜艇在直布罗陀海峡相撞的事件。美军若要保持其优势，必须改进反潜系统，估计需要花费上百亿美元，这几台机床可以说令美国和北约的封锁前功尽弃，也难怪美国要如此制裁东芝。

苏联购买日本机床，是日本当年高新技术领域蓬勃发展的生动写照。1983 年美国商务部提出的五个科技核心领域中，日本在半导体、光纤和智能机械（包括机床和机器人）三项技术上全面领先，日本还依托其先进的机床和机器人技术，率先提出了智能制造的概念。实际上，日本也是最早提出建立国际性智能制造研究合作计划的国家，这个时间可以追溯到1989年，之后在1990年，日、美、欧三方批准了日本提出的“智能制造系统”（IMS）计划的方案，并于 1995 年正式启动了首轮为期 10 年的研究计划。

在 2005 年 IMS 计划的报告中，对 90 年代末的智能制造水平是这么描述的：“在专业车间和工厂运行层级，智能制造已经实施到了一个较高程度——数控机床通过编程执行不同的任务，它们连接到一台计算机上，可以实现生产步调的自动控制；机器人的发展，尤其是可重新编程的内存与传感器设备，使得第一代工业机器人能够执行更多的应用，并且以智能方式做出反应。”这种“较高程度”的智能制造，就是机床连个网搞个中央控制、机器人上阵做点初级工作，在今天看来连入门级可能也算不上。不过，通过这段描述可知，高档数控机床在当年可是反映智能制造水平的一项重要标志，把如此先进和关键的战略物资卖给死对头，难怪“巴统”要坚决棒喝惩戒。虽然现在“巴统”已经解散，但是以美国为首的西方国家仍继续在这些战略性核心技术领域实施限制封锁，就是怕苏联核潜艇噪声性能短时间内出现革命性提升的这一幕再度重演。

时间回到近几年，特朗普在上任之后就迫不及待地开始筑墙：一道是美墨边境上的隔离墙，一道是强化高端技术封锁的阻断墙。不过，这回的主角已经从机床换成了 5G、人工智能（AI）、高端芯片、光刻机和机器人。美国正在重振制造业，军工制造商也在强大的政府与市场需求推动下规划、建设、升级一家家智能工厂，5G 和 AI 等新一代信息技术将成为这些未来工厂实施智能制造过程中的标配。这些工厂就像一个没有真实敌人的战场，基于运行仿真、实时数据以及先进算法，强大的中央调度系统按照计划控制整个生产线运行的节奏，指挥每个生产单元中大大小小的机床、设备以及工人完成各式各样的任务，这些要素彼此通过有线或无线网络互联，生产过程、产品质量、机床状态以及安全态势等通过遍布在工厂中的各类传感器实时监测感知，如果发现问题和故障隐患则迅速分析判断如何解决，快速处理并且及时调整计划和任务。

智能工厂中，每时每刻都在上演 C^4ISR（指挥、控制、通信、计算、情报、监视、侦察）的大戏。要完成诸如航空发动机整体叶盘数控加工振动实时补偿这样复杂的工艺过程智能控制，需要先进传感器以毫秒级的时间间隔采集海量数据，并通过高传输速率、低时间延迟、高数据吞吐量的5G通信发送到工厂控制系统进行分析。AI 更不必说，从数以百万计的设计方案自动生成与智能优选、装备性能的智能仿真和精确分析，到数控加工程序的来图自动生成和网络智能优化、工件加工在线检测中基于机器视觉的缺陷智能识别，再到人机协作机器人的自主路径规划和障碍规避、单装备的视情维修与预测性维护，用途更加广泛。美军曾在发给各军种装备采办人员的指南中指出，未来工厂（智能制造）技术是国防制造项目管理中变化最快的领域，因此这是一个项目经理需要努力跟上时代的领域。

本书中提到的“制造”，除了包括一般意义上的生产，还向前加入了涵盖产品设计与工艺设计的工程环节（在美欧又叫作“集成产品与工艺设计”），向后加入了涉及产品修理和再制造的维修保障环节，是个大制造的范畴。再好的武器装备概念，设计出来制造不出来也是白搭，制造出来买不起、不好用、天天出问题也是白搭。因此，本书中的智能制造也不只局限于生产中，而是从方案和工程开始一直延续到运用保障环节。

智能制造可以说是利用各类先进的数字化技术、信息通信技术和自动化技术，做到对研制的产品胸有成竹、对生产和运用保障的过程运筹帷幄，尽可能大幅提高武器装备质量、提升研制生产保障效率、降低寿命周期成本的一种大制造模式。智能制造帮助人们在武器装备研制中做到“所想即所见”——在虚拟世界中充分仿真预测各种性能以快速响应用户需求，同步分析权衡制造、保障的难易性和寿命周期经济性，把问题消灭在数字空间，在敏捷生成全局最优方案的同时，极大减少费时费钱的样机制造和物理试验；在武器装备生产中做好“所见即所得”——动态感知一切生产状态、实时分析全部有用数据、科学决策（处置）所有瓶颈问题、精准执行每个复杂指令，让设计制造一次成功而且确保装备好用、顶用；在武器装备运用保障中做好“所得即所想”——实际上与生产过程类似，动态获取装备状态、实时预测寿命风险、科学规划保障工作、精准实施维修操作，无需过度停机和超额花费就能让装备保持青春，使战备完好性最大化。

市面上已经有数百种讲述智能制造的书籍，本书力求从前沿技术颠覆传统模式的视角为读者解读智能制造的概念，以美军和美欧工业强国重点计划中列明的技术领域阐述智能制造的关键技术体系，并重点展现航空航天与防务领域的全球智能制造发展现状，这也是本书希望呈现出的一大特色。本书共分 5 章，分别是“取势正当时”“优术才能赢”“践行无止尽”“大国已明道”“合众划未来”。

第 1 章从 F-35 战斗机这个大型复杂装备项目的生产环节入手，介绍了智能制造发挥的重要作用，进而分析了智能制造对当下武器装备研制生产保障的重要意义，同时全方位解读了本书中所提智能制造的核心内涵，这些内容都折射出第四次工业革命背景下全球制造业的转型努力。

第 2 章从全新的视角为智能制造体系性转型提出了三类关键技术簇，它们集成了先进的数字化技术、信息通信技术、自动化技术，依托它们形成的数字工程技术、赛博物理生产系统技术、智能人工增强技术，将成为未来集成智能制造体系的核心要素，这也充分展示了智能制造是一个“升维”体系，而不是在制造中简单地叠加所谓人工智能或者互联网概念。

第 3 章从智能研发、智能生产、智能保障环节，分别介绍了当前美军以及美欧军工企业的转型实践，这也是本书最具特色的地方，集合了近年来本书作者的日常跟踪与专题研究成果，将美国国防高级研究计划局

（DARPA）、陆海空三军以及波音、洛克希德·马丁、空客等美欧巨擘在智能制造方面的动向和成果展现出来，供读者更好地了解国外军事工业智能制造发展的现状，并且帮助了解所有这些项目实施的目的——多快好省地研发、生产和保障武器装备。

第 4 章展现了美国、欧洲（特别是德国和英国）以及周边国家（包括俄罗斯、日本和韩国）的智能制造相关战略计划，总结了各国的发展策略和重点方向，特别是美国以军方和军工企业主导的未来制造转型，更有力地说明了实施智能制造对国防建设和经济建设的战略价值。

第 5 章从人类幻想的未来星际生活的角度，描绘那些巨大的空间站和太空战舰的诞生过程，畅想也许并不遥远的“工业 X.0”时代。

2020 年 6 月 30 日，中央全面深化改革委员会召开第十四次会议审议通过了《关于深化新一代信息技术与制造业融合发展的指导意见》，会议强调，要顺应新一轮科技革命和产业变革趋势，以供给侧结构性改革为主线，以智能制造为主攻方向，加快工业互联网创新发展，加快制造业生产方式和企业形态根本性变革，夯实融合发展的基础支撑，健全法律法规，提升制造业数字化、网络化、智能化发展水平。2022 年 1 月，工业和信息化部成立国家制造强国建设战略咨询委员会智能制造专家委员会，加强智能制造前瞻性和战略性问题研究。中国的强盛依赖装备制造业，而装备制造业的发展要看智能制造。党的二十大报告指出：推动制造业高端化、智能化、绿色化发展。

武器装备背后工业基础体系的升级换代，对于装备建设的影响不仅是速度上的，更是加速度上的，甚至是赛道上的。因此，作为军事人员，应当对当前汹涌澎湃的全球数字转型和智能制造浪潮有最基本的了解，对装备制造业的发展趋势和智能制造模式的广泛普及有更清晰的洞察，对支撑装备交付的先进工业方法手段的重要性有更深刻的认识。望本书能够成为各位读者不断学习提升的有用参考。

目 录

第 1 章

取势正当时

——不搞你就 OUT

10年前，“工业4.0”只是德国学术界一项研究成果中的提法，10年后的今天，它已经成为了众多工业强国的核心战略目标，成了一个经济、技术和工业发展的新范式，仿佛也成了智能制造的代名词。主攻方向为智能制造的“中国制造2025”，也频繁被称为中国版“工业4.0”，好像不以工业4.0为目标、不搞智能制造就已经落后于时代。智能制造是依靠大量技术和先进软硬件设备形成的一种模式，与高超声速、定向能、无人机等颇为形象的技术名词相比，智能制造的概念似乎虚无缥缈。智能制造当前没有统一定义，各国对工业4.0都有各自的理解，一千个人眼中也有一千种智能制造，本书尽量从更多的角度来展示智能制造的内涵。

1.1 WOW
—— 何为颜值与天资具备

了解智能制造之前，让我们先来走近一款明星产品——美军 F-35 战斗机。它是 9 国（土耳其已被踢出）联手研制的有史以来最大的武器采办项目、产量预计过 2500 架的全球第二款五代战斗机。毋庸置疑，美军和制造商对这个“高富帅”的“成长”过程倾注了海量资金和无数尖端技术，它们不搞智能制造转型，还有谁更有资格和实力呢？就让我们走进 F-35 的制造厂，看看它们有什么本事吧。

三天一架的秘密

作为全球最大的武器采办项目，F-35 战斗机正在开足马力向全速生产迈进。在美国空军沃斯堡工厂的洛克希德·马丁（以下简称洛·马）F-35 移动总装线上，“嗷嗷待装”的飞机一架接一架，几乎一眼望不到头。2022 年，洛·马公司交付了 141 架各型 F-35 战斗机，不到三天

长达 1 千米的 F-35 总装线

一架，预计进入全速生产之后，将达到接近两天一架。这种成就，既离不开军方和制造商对先进、经济可承受制造技术的持续投入，也是洛·马以及诺斯罗普·格鲁曼(以下简称诺·格)、普拉特·惠特尼(以下简称普·惠)、BAE 系统公司等合作伙伴一致努力的结果，凸显了 F-35 项目发展数字化、网络化、智能化制造的成果。

一架 F-35 战斗机由超过 30 万个大大小小的零部件组成，这些零件由全球各地上千家制造商供应，每个零件要经过几十、数百道工序生产出来，然后运到主要供应商装配成外翼、中央翼、尾翼、前机身、中机身、后机身等几个大的部件，最后聚集到总装线完成总装测试、喷漆交付，这期间光在狭小的机体内部安装的各种电线、线束和电缆就要有数百条，从“切第一刀”到总装下线需要几年的时间。其中，装配和总装环节涉及大大小小数万个零件的钻孔、对接、铆接或紧固，以及系统（包括机电、航电和发动机）安装、布线、集成和测试，环节众多、过程漫长，一般工作量和耗时都占整个生产周期的 30%~50%。2012 年，在洛·马总装线上装配集成一架 F-35A 机体的平均总工时是 10.8 万个小时，2017 年下降到 4.15 万个小时，2020 年进一步降至 3.5 万个小时。

目前看来，即使只是最后的总装，按照 10 个工人 24 小时不停工来装配，从大部件进厂到下线出厂也需要近 5 个月的时间。F-35 的总装线上，大部件就像涮虾滑那样从一边一个个进，整机从几百米开外的另一边一架架出，每个大部件都要待上好几个月。因此，若要做到三天下线一架，需要优化的生产布局、严格的质量控制、精益的工艺流程、高效的物流管理，这样才能让整条生产线如“丝般顺滑”！在美国空军和海军的支持下，洛·马公司携手合作伙伴通过 10 年的不断建设和改进优化，才逐步达到了现在这一流畅的状态。这期间，几乎每一个零件的工艺都进行过改进，甚至每一道工序都经过了优化，特别是装配环节，不少工艺达到了智能制

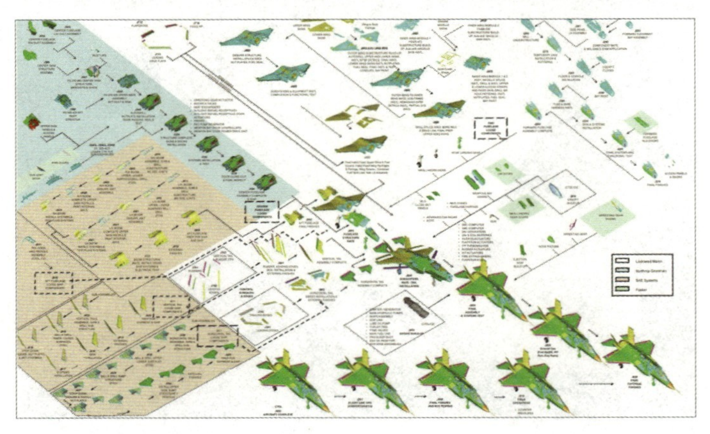

F-35A 主要零件的生产和组装流程

造水平，极大提升了生产速度、质量和效率，这也是总工时下降、交付时间缩短的一个关键。

大小罗伯特的故事

大罗伯特是一个身高 180 厘米、体重 90 公斤、腰围 1 米多的胖子，他每天都要开着大皮卡来到大名鼎鼎的空军 42 号厂区上班，他的任务就是在诺·格公司承制的 F-35 复合材料进气道上钻孔，听起来是份很简单的工作。F-35 的复合材料进气道是一个结构复杂的零件，与中机身其他部分集成时需要安装几百个机械紧固件，这首先就要从其内部完成同样多数量的高精度钻孔和锪埋头孔工作。只见罗伯特来到工位，拿好工具，深吸一口气，然后手脚并用爬进一个每天让他痛苦不已的小洞口。F-35 的进气道长 2.745 米，最宽的地方也只有 0.5 米，里面还要拐个大弯，空间是真的狭小，可以想象一下，罗伯特钻到一个比洗衣机滚筒还窄的弯管里，那是多么痛苦。F-35 进气道钻孔位置的精度要求高于

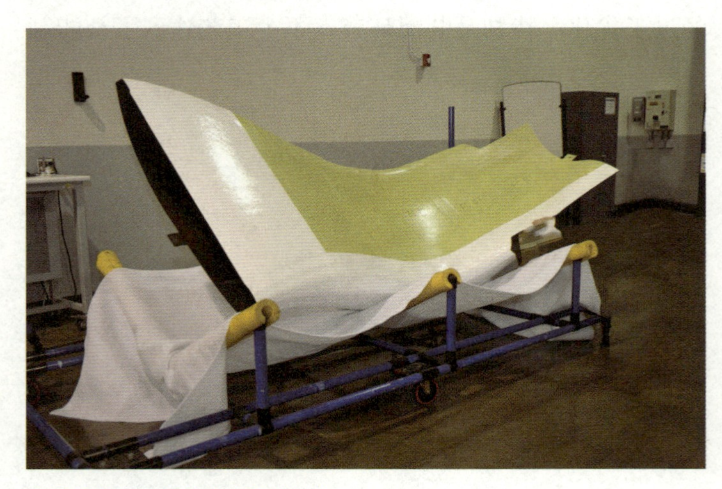

F-35 形状极为复杂的 S 形进气道

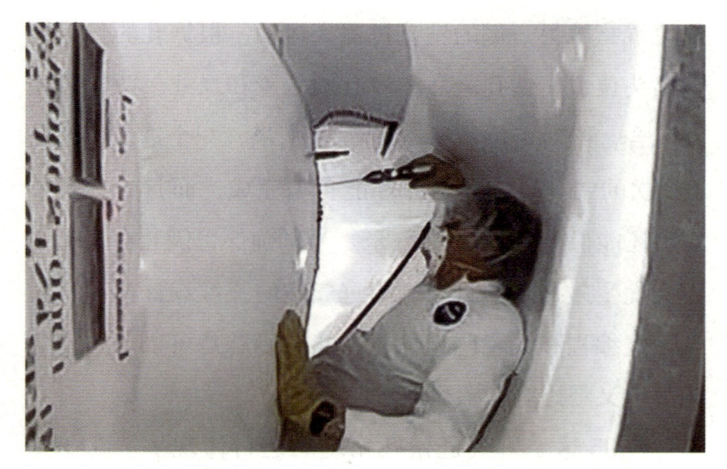

这个进气道比 F-35 的宽一半，请体会钻孔工人的感受

0.762 毫米，要不是有 3 个孩子要养，罗伯特怎么可能愿意长期用这种姿势完成这么高精度的工作？

罗伯特叫苦不迭，美军也无法忍受他龟速的钻孔和频繁出现的位置偏差，决定“机器换人”，让工业机器人（robot，刚好也叫罗伯特）出马！空军装备领域频繁祭出黑科技的空军研究实验室（AFRL）材料和制造部发起了一项联合攻关项目，综合利用实时测量技术、自动定位技术以及机器人协作技术，实现双机器人智能化协作钻孔。为了适合进气道内的操作，项目组选用了一款长臂、小关节的 6 自由度多关节机器人执行钻孔任务，但这种机器人比更大型号的机器人定位精度低。

为了实现高的绝对定位精度（机器人首次到钻孔位置的精确程度）和重复定位精度，项目组增加了一台更大型号的测量机器人，实时、精确地调整钻铆机器人的位置，两者组成了双机器人协作钻孔系统。这对小罗伯特兄弟，一台在进气道的一端钻孔（下图黄色机器人），另一台在另一端测量其位置（下图红色机器人）。测量机器人配有激光三角定位传感器，在钻孔前根据进气道的位置指导另一侧的钻孔机器人运动，根据孔的位置调整钻头位置，钻孔之后测量孔的位置和尺寸。两兄弟相互配合，绝对定位精度高达 0.14 毫米，一个进气道超过 800 次的钻孔、锪孔操作都能自动完成，而且重复定位精度还能保持在 ±0.18 毫米。为了确保哥俩儿在运动中不会发生碰撞，项目组利用进气道的三维设计模型，通过预先编程和大量防撞仿真，让它俩总是可以“并肩战斗”但又刚好能“擦肩而过”。

F-35 这个进气道钻孔系统的运行体现了“动态感知、实时分析、科学决策、精准执行”的智能制造特征。该系统将每个部件的钻孔时间从 50 小时降低到 12 小时，减少了 85% 的由于手工操作造成的应力损伤和 90% 的

正在开发中的小罗伯特兄弟协作钻孔系统

孔缺陷。在极大提升质量和效率的同时，减少了硬质合金工装的使用和空间的占用，预计将使 F-35 项目节省至少 4000 万美元。因为系统本身研发部署成本不低，所以看上去节省得不多，但是提升的质量和效率不是可以简单衡量的，这关乎 F-35 的隐身性能和结构安全。大罗伯特“出局”了，走出了局限他的那个小洞口，后面将有全新的任务等待着他。

明星工厂的“智造”大戏

复合材料进气道钻孔只是 F-35 中机身装配的一个环节，这条智能化装配线可是获得了美国 2013 年度装配工厂和 2019 年度质量工厂称号的明星工厂，是当今世界最先进的武器装备制造工厂，它的建成投产使诺·格的中机身产量实现了 450% 的提升。下面我们来看看它的几个主要特点：

（1）精益化制造——装配线是完全的单元化生产线。每个人都期待快递和外卖能准时送达，这些生产单元也不例外，它们也渴求精确配送的工件、物料、工具和工装。诺·格公司通过精益化设计和三维仿真优化布局，使部件运输和物料配给路线达到最合理，以防止不必要的等待，极大降低了内部物流耗时和成本。

（2）无人化运输——这是一大亮点，即通过无人自动导向车（AGV）自主地穿越生产线，将部件甚至工装从上游环节运到下游环节，就像无人机自主执行任务一样。以往的型号，机身部件的移动都使用安装在工厂顶部的大型龙门吊车，从安全角度考虑，龙门吊车移动时不仅要清理场地，还要连接固定装置。一架 F/A-18

F-35 中机身装配线，最先进的智能工厂之一

E/F 从装配开始到结束，工厂中的龙门吊车要移动 250 次之多，工人头顶上时刻有颗大炸弹。而且，每次移动大概需要 1 小时，需要多达 8 个人的团队帮助稳定部件，不仅耗时，还需要协调停止其他工作，但是如果采用 AGV 平台，类似的移动只需要 20 分钟。

（3）网络化协同——生产线上遍布各类传感器，部署了无线和有线的网络通信能力，AGV 小车、工装、机器人，以及加工、测量、检测设备通过网络连接起来，共同执行任务。通过这些加密的工业互联网基础设施，所有信息集成到中央服务器，以便实施任务和路径规划、物资和安全监控、功耗和故障跟踪、维护和检查计划。

（4）自动化执行——对于进气道这样复杂隐身结构的装配来说，人工操作的可达性和精度都无法达到要求，唯一可行的解决方案是采用可精准定位和操作的自动化设备以及机器人，甚至开创双机器人、多机器人（包括 AGV 小车）的协同工作模式。一般来说，部件装配工厂是一个军工制造企业数字化、网络化、信息化、自动化水平的集中体现地，将这四点高效、集成应用，智能制造就可以很好地实现。

知识链接：

自由移动式 AGV 小车

运输着工装的 AGV 小车

F−35 中机身装配线使用了 5 台特别设计的自由移动式 AGV 小车，具有全方位精密控制能力，可实现全方位机动。小车装有障碍物探测传感器，可防止碰撞，确保导向车稳定停靠在各种生产单元，让工装能够严格对准。常规的 AGV 小车必须跟随地面上专门安装的磁性带移动，相当于不那么自由的无轨电车，而自由移动式 AGV 小车采用类似无人机上的惯性导航技术，可以沿着虚拟的自由行程路径移动，避免了生产线出现“堵车”以及地面磁性带的损伤问题。AGV 小车可与工厂内的中央控制和显示服务器实时通信，通过后者的指挥调度，小车能够到达工厂中的任一机床设备以及保障区域，并通过射频识别（RFID）芯片对其运输的物品实现 100% 的跟踪。因此，工厂中的生产节拍实际上就是由中央服务器通过 AGV 小车来控制，小车接到指令去装载属于某个订单的部件及其工装，按照最优化的路径在工厂中自由移动，生产单元接收到部件后开始加工装配，之后再用小车运到下一个地点，这些工装和部件处于什么位置和什么状态中央服务器都一一掌握。

经典的 S 形进气道双机器人装配单元

（5）在线化测量——无论是加工、钻孔还是对接，都需要实时感知绝对位置，反馈给中央服务器的分析和决策系统，通过闭环反馈控制，使各类执行端严格按工艺要求操作，这条生产线上部署的原位、在线测量技术就确保了这一点。这就像战场上指挥人员到达预定位置、指挥装备精准打击目标所需要的实时感知一样。

（6）可视化监测——中央服务器通过传感器获取状态数据分析报警，将相关信息直接推送到现场人员，他们可以使用触摸屏终端管理所有生产过程。以往要钻到进气道中执行钻孔工作的大罗伯特，现在摇身一变成为这一智能化生产单元的管理员，通过各类可视化手段监测单元内的一切活动，确保单元正常运行或出现故障时迅速分析、现场处理。所谓机器换人，实际上换掉的只是重复性高、强度大、条件差、安全性低的环节，谁来给机器人编程？谁来监控机器人的操作？谁来给机器人排故？这都催生了更多新的更具挑战性的工作，这与无人机出现后新增的岗位是一致的。

大罗伯特通过各种屏幕关注着小罗伯特和这个单元的一切

怎么省时省力怎么来

即便使用双机器人协作系统，也会出现预料外的情况。因此，钻进气道上的几百个孔还是可能会出现与设计不一致的缺陷，如位置轻微偏离。一旦出现这种情况，就需要企业的工程和质量人员以及军方代表进行不合格品问题分析和处理决策。首先需要研究为什么出现缺陷，问题是出在钻孔工艺、操作员（机器人）和供应商身上，还是设计本身不合理。之后，必须基于对这个缺陷的分析来决定该部件是无需修理就使用、修理后使用还是直接报废。对于F-35复合材料进气道而言，确认几百个孔之中出现什么缺陷，以及决定这件花费几十万美元做出来的东西能不能用，一般需要两周时间，很多分析决策靠人工进行而且过程复杂，并可能存在一定的“拍脑袋”因素。

在美国空军研究实验室的支持下，诺·格公司引入先进数字化工具改进了决策流程：利用相机拍摄高清图像，使缺陷状态数字化（相当于逆向工程）并在飞机坐标系中为缺陷提供精确位置，将图像和钻孔工艺数据精准映射到进气道的三维设计模型，让每个与设计不一致的地方都能够被检索，并展示诸如发生应力集中、装配干涉等不良趋势。通过上述流程，可在三维环境中实现快速和精确的自动分析，从而缩短处理时间，并通过工艺或部件设计的更改减少缺陷发生和处理频率。F-35复合材料进气道的不合格品问题分析和处理决策流程时间比以往缩短了33%，并减少了看着WORD文档“拍脑袋”的情形，因此这一项目获得了美军2016年度国防制造技术大奖。

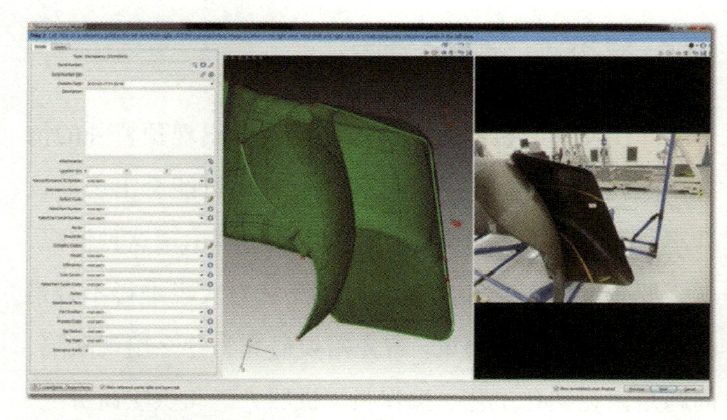

缺陷从物理世界进入数字世界

F-35中机身装配需要海量的钻孔工作以及铆接等紧固件安装工作，像进气道钻孔那样能够使用机器人系统完成的毕竟是少数，大量的工作还是要由大罗伯特这样的机械师来承担。就像组装宜家家具那样，不同位置的孔可能需要安装不同的螺栓、定位销等紧固件。如果是几十个孔的家具，看看说明书知道哪个位置安装哪种也就可以了，但如果是数千个孔、好几十种紧固件，选择正确的紧固件、找到位置并且安装、验证安装是否正确，单纯靠看图纸可能一天完成不了十分之一。

为了简化装配过程，提高装配的效率和准确度，在美国空军研究实验室的支持下，诺·格公司引入了独特的增强现实（AR）三维光学投影辅助装配系统。在进行装配任务前，该系统可将三维设计模型转换为作业指令，自动测量真实孔的数据并与原始设计数据进行实时比较，依次将不同紧固件的任务投影到壁板表面，指导机械师进行安装，然后还可自动验证安装结果。让机械师能够直接看到他们安装紧固件的作业指令，相当于开卷考试，直接把答案给你，让你照抄。这一系统让安装工作更快、更有效率且保持更高的精度，可以说从根本上改变了装配复杂而精密的飞行器结构的方式。这一项目将每架F-35中机身的装配周期缩短了至少237小时，仅中机身装配中就节省了9100万美元，也因此获得了美军2012年度国防制造技术大奖。该技术已经应用到美军诸多型号中，变革了武器装备的装配、维护、维修和大修（MRO）工作。

作业指令直接投影到F-35中机身壁板表面

1.2 WHY
——搞智能制造为哪般

需求牵引（人的懒惰也是一种重要的需求）、技术推动、资本助力是当今一切发明创造和转型升级的关键，智能制造也不例外。既然全世界工业强国都在追求这一模式，那一定是有其充分理由的。我们不准备讨论一般行业为什么要搞这个，如大规模个性化定制需求这种已经不再新鲜的论调，而是就军工行业和军工产品的特点讨论这一主题。

还能十年磨一剑吗

武器装备还能十年甚至二十年磨一剑吗？答案显然是不能。商场如战场，看看我们身边就知道，摩尔定律让芯片 18 个月就要换代，智能手机如果每年不出一款新旗舰产品，这个品牌就有危险了，汽车厂商更是不遗余力地让每个车型的款式都能连号（2022 款—2023 款—2024 款）。除了科技的快速进步，满足用户不断变化的需求、战胜对手才是首要的。虽然军方用户不比普通消费者，但仍然会希望能快一点得到他们想要的武器装备。然而事实是痛苦的，因其复杂程度高，大量武器装备的研制周期都超过 5 年，超过 15 年的也不罕见，而且普遍存在超期延迟。美国国会主导的政府问责署（GAO）曾有统计指出，国防部 5 年以下的采办项目平均延迟 5 个月；5~9 年的平均延迟 22 个月；10~14 年的平均延迟 26 个月；15 年以上的采办项目平均延迟 37 个月。加价提车也许两个月就到了，但装备可能就是加了一倍的价也得再等好几年，想想等快递小哥时的心情，那真是等不起的。

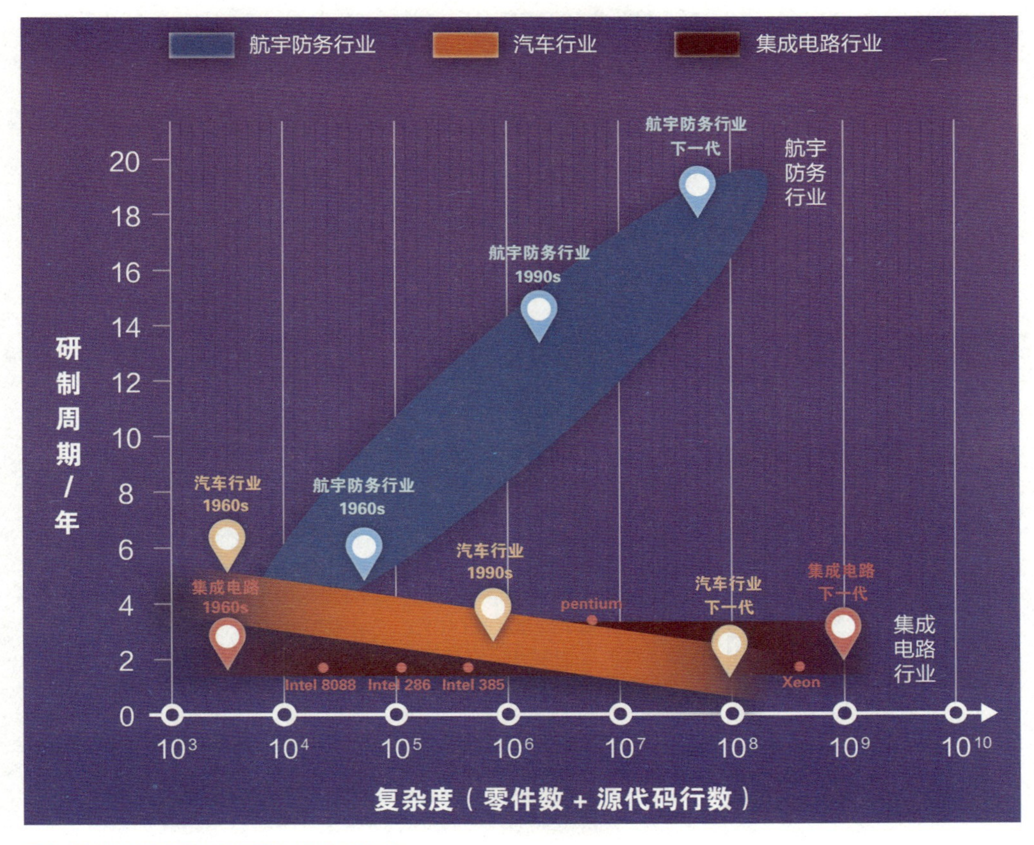

三个行业的产品复杂度与研制周期的关系

为什么这么慢？因为确实太复杂！在过去近50年的时间里，装备系统的复杂度持续大幅上升，但研制模式却没有发生根本性变革。美军于1969年颁布实施的MIL-STD-499A军用标准规定的系统工程过程一直沿用至今，其核心的“设计—制造—试验—再设计”研制模式也就是通常所说的“V”形流程。这个流程不仅要通过制造实物也就是物理样机来进行设计验证并改进设计，而且在生产各阶段之间、系统部件之间以及人与组织之间都存在着复杂的反复迭代和交互过程，产生了巨大的资源浪费，并增加了无谓的时间消耗。

而且，其间的工作衔接以及任务协同，往往是用纸质报告或者OFFICE文档来完成的。对于一个复杂装备，如果中间大量的沟通和信息传递环节存在模糊和差错，设计、制造和试验上再出现瑕疵和错误，只靠开个会评审用WORD完成的报告可是费时费力效果不佳的。如果没有相应的手段避免这些问题的发生，或者能提早发

知识链接：

数字工程

国防部《数字工程战略》

数字工程是一种集成的数字化方法，通过建立装备系统的权威模型源和数据源，利用在生命周期内可跨学科、跨领域连续传递的模型和数据，支撑系统从概念开发到报废处置的所有活动。美国国防部2018年发布《数字工程战略》，希望构建一个跨国防部组织的数字工程生态系统，将以往线性、以文档为中心的采办流程向动态、以数字模型为中心，以模型和数据为依据谋事做事的范式转移。类比来看，PPT演示中可以有大量流程图和关系图模型甚至动画（相当于一种模型运行过程），EXCEL表格中充满了结构化、可视化的数据，通过它们交流要比WORD这种纯文档更方便。《数字工程战略》就是要求美军用模型来沟通想法和传递信息，用模型来仿真和驱动设计、制造和试验过程，尽量用模型来权衡性能得失，预测并解决问题，同时利用历史和实时数据来使模型更加可靠，以此达到“所想即所见”“一切尽在掌握”。

现及时纠正它们，等一步步下来发现最后满足不了用户需求（特别是可能中途已经改变了许多次的需求），那就注定成为悲剧。

就这个问题，空军负责采办、技术和后勤的前助理部长威尔·罗珀如是说："我们希望在'下一代空中主宰'项目（包括第六代战斗机）中，利用数字工程，效仿汽车工业在通用底盘的基础上开发出多个型号，将新型平台研发周期压缩至5年以内。波音公司在T-7A'红鹰'教练机上展示了数字工程技术，仅用3年时间完成从概念到首飞的过程。"也就是说，空军希望第六代战斗机之后的平台研发能够在5年内完成。从美国国防高级研究计划局给出的图上也能看出，他们希望装备系统的研制周期最好能缩短到当前的五分之一！威尔·罗珀还给出了问题的答案——数字工程。

人不够还是人太多

军工制造业是技术密集型行业，你可能会觉得军工生产厂就像奔驰宝马生产线那样，用全自动的流水线给你带来视觉冲击。但如果走进许多军工生产厂，你会发现怎么这么多人？仅仅在F-35战斗机和波音777X客机的总装线上就分别能看到至少2200名和3000名机械师，还不包括工程技术和支持人员，这可不是小数目，生生让洛·马公司和波音公司看上去像一家劳动密集型企业。不过，进入F-35总装线隔壁的中央翼部装线，你又会感叹人都去哪了？军工制造就是这样，有的地方嫌人多或者想少用人，有的地方又缺人或者离不开人。

想少用人，举个最简单的例子，就是装配中的"机

总装线的人是很多的

器换人”，无论是F-35进气道装配还是波音777装配，其中的钻孔环节一律不想用人，甚至安装紧固件也不想用人。这是有道理的，成天拿着钻枪或者铆枪用各种不舒服的姿势重复一个繁重、枯燥的操作几百遍，肯定是很痛苦的，精度、效率和质量也都会下降。波音777曾经部署了机身双机器人装配系统，把安装紧固件的工作从人手中接了过来，让机械师难掩兴奋之情，觉得再也不用像以前那样亲自干这些重复而辛苦的钻孔和紧固工作了——以前后背、脖子、肩膀和手臂都承受了太大压力。这个时候，就体现出了机器人或者自动化灵巧设备的优势了——永远不会生病、劳累或饥饿，在许多不符合人体工程学的操作任务中，一台机器人可以承担4~6名机械师的工作，有效减少了职业伤害。波音777机身最早引入“柔性导轨钻孔”系统时，即使重复进行了

3000 次钻孔操作，也会产生完全相同且高质量的孔，因此很快就消除了 93% 的缺陷，两年后这一数字达到 98%，而人类机械师是很难轻易达到这一数字的。

离不开人，那是因为目前在某些任务中，人手的精确性有时候确实会优于机械手。波音 777 的机身双机器人装配系统后来实际是失败了，原因就与多自由度机械臂的误差累积以及靠近机身区域的减速控制不力有关，迫使波音又“人换机器”，重新用人来安装紧固件。一些无法自动化或者需要灵活人手操作的过程更是如此，如飞机的总装布线，当前还只能靠人一根根操作。我国 C919 客机总装要安装总长数千米的 700 多条线束，固定线束的零件就有 3000 多种，零件总数超过 15000 个，而且许多操作的位置都是在高度不到 0.5 米的狭小空间内，这就只能尽量提高人的操作效率和准确性，不能让人成为高效运转的自动化生产线或者智能工厂中的瓶颈。在这个领域，虚拟现实（VR）和增强现实（AR）等技术应运而生，连接了人与数字空间。

在柔性导轨上飞檐走壁的钻孔系统

买不起用不起怎么办

美国陆军一位高官曾经有过一个说法，就是随着飞机复杂度的陡增，可能未来全部军费也只够买一架飞机。虽然是危言耸听，但是看看政府问责署 2008 年的报告曾经列出的问题就会发现，问题确实挺严重。8 个最大的防务采办项目，单机采购费用普遍超出预算至少三分之一，最多接近 2 倍，而且以航空装备最甚，8 个里面占了 5 个。这也挺好理解，研制周期长了，物理样机和物理试验做得多了，不得不雇佣许多工人，加之设计制造不停出错，肯定费用要猛涨。就拿 F-35 上一个改用增材制造的零件来说，十多年前空军和诺·格公司为了优化验证设计，样件做了 1500 多个，比起近来兴起的仿真手段，研发成本确实不低。

空军还研究了 F-35 的风洞试验，发现与 F-22 相比，虽然试验效率提升了 4 倍，但即使 F-35 的飞行包线比 F-22 要小，风洞试验仍然需要执行相同的 22000 小时，并且每种型别都是。这就像暴力破解密码，虽然密码可能是 4 位的，但要先试遍所有 3 位的密码组合才能继续，比起近来通过仿真设置试验点来说，这种按试验小时的流程非常不经济。

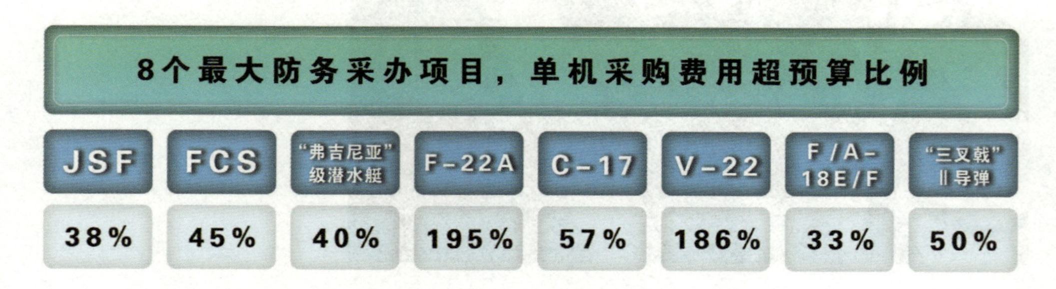

武器装备采办项目普遍超支严重（2008 年数据）

此外，尽管到了2017年，装配集成一架F-35A机体的平均总工时已降至4.15万小时，比2012年减少了60%，但是要看到，平均每架返工和修理工时就有0.62万小时，占了15%，占比仅比2012年的减少了5个百分点！这种情形带来的质量成本也是相当可观的。降低研制生产的各种成本，是智能制造的重要目标，虽然前期能力建设和模式转型也会花费不少成本，但投资回报率一定是显著的。

通常，在武器装备数年甚至数十年的使用过程中，保障费用要远远高于采购费用。目前绝大多数装备的保障与汽车保养是很类似的——定期或者定行驶公里数保养，这可能造成过度保障或者未及时保障的问题。一方面，可能结构上没什么大问题，但还是要例行通通检查一遍，特别是对于发动机往往还要拆下来维护，增加了成本；另一方面，可能在下一个修理窗口没到来时，一个安全关键件就在使用时突然失效了，造成十分严重的后果。此外，像美国空军飞行器的平均寿命超过了28年，由于过时淘汰、制造成本高和数量需求低等原因，老旧飞行器的关键零件经常会停产，仅在2017年第一季度，空军就有10000份关键零件的生产招标因此而流标。如果因此这些飞行器就长期停飞甚至直接报废，那损失也非常大。智能制造可以减少生产线中机床的维护成本和刀具的更换成本，同样也可以降低维护、维修和大修（MRO）等装备保障成本，获得可观的长期收益。

如果哪天外星舰队入侵

美国国防部用于评估装备制造和质量一体化管理体

系的制造成熟度评价准则中，对于最高等级10级的第一条是这样规定的：“完成装备相关工业基础能力评价，工业基础能力能维持装备的全速生产，并能应对其改型、升级、产量激增等制造需求。”美国国防部在启动武器采办项目前，都会通过严密论证得到一个项目最终要达到的最大生产速度目标，即为全速生产（与所谓的大批生产有着本质区别，如“全球鹰”无人机年产4架也是全速生产，反映的是一个采办经济性、工艺稳定性和制造能力的概念，而不是单纯的数量）。和平年代全速生产足够了，但是如果“外星人”大举来袭的话，地球的武器装备生产肯定要加足马力，可能造汽车的、造火车的，甚至造手机的、造电视的都要转型上阵。从第二次世界大战来看，坦克、飞机和舰艇的生产能力都爆棚，甚至在5年的时间里生产了1.85万架B-24“解放者”轰炸机，尽管当时的装备没有那么复杂，但是这一数字放在现在也是不敢想象的。

烤肉串一样的B-24生产线

集成四种材料和 LED 灯的无人机机翼整体结构

如果真的要迎战，那么就算一年生产 300 架 F-35 肯定也不够用，全民生产是必需的，也许舰船要有火车的产量，战斗机要有汽车的产量，导弹要有电视的产量，无人机要有手机的产量。在没有数控机床的年代，B-24 都能这么造了，不难想象未来世界各地如何开足马力造武器的场面。这就有几个问题要解决：一是全供应链超负荷运转，生产效率必须最高，产品质量还得保证，人员上岗培训时间也要压到最低；二是造武器不像造口罩，数字化时代的全民生产，是全国所有厂家必须采用同一个三维模型，所有机床设备必须能兼容各种数据接口，读取并执行同一个标准的数字指令；三是可能需要迅速研发创新产品，甚至要在战场前线临时开发工具，直接制造备件。

现在看来，这些问题只有智能制造模式能够完美解决——全面数字化、全局网络化、系统信息化、整体自动化。像无人机蜂群作战（感兴趣的读者可以观看电影

《天际浩劫》）的工业基础现在可能已经具备，美国空军研究实验室力挺的机器人连续纤维 3D 打印技术，与传统工艺相比生产速度可提高 100 倍，并且一次就可集成由碳纤维、光纤、铜线和镍铬铁线组成的整体结构，从而为下一代无人机提供具有嵌入式感知、作动、计算或电力的多功能结构并简化装配。

1.3 WHAT
—— 众说纷纭话智造

智能制造没有统一的权威定义，但是我们也许能够以更全面的视角来认识它，世界公认的制造强国和我国这样的制造大国怎么理解智能制造这个概念？当今持续高涨的第四次工业革命热潮，又从技术角度给智能制造带来什么与众不同的元素？前言里将工厂类比战场，那么制造和作战的相似性，是否会帮助人们理解智能制造的内在逻辑？

智能制造三国论

前几年提到智能制造，最火的就是德国工业 4.0、美国工业互联网、中国制造 2025，我们简单讨论一下中美德三国不同的智能制造概念，加深对智能制造的全方位理解。三个国家对于智能制造都是从设计 / 研发、制造 / 批产、维护 / 服务环节的提升全方面考虑，印证了本书所提的智能制造模式的概念。

工业 4.0 愿景下的德国智能制造

德国提出的工业 4.0 被普遍认为是“智能制造”概念的一个代名词，可以说一提到智能制造就会联想到工业 4.0。德国拥有强大的机械和装备制造业、占据全球显著地位的信息通信技术能力，在嵌入式系统（如机床、汽车、飞机设备上内嵌的操作系统）和自动化工程领域具备领先的技术水平。因此，对于德国人认为的智能制造来说，工业 4.0 的愿景在于充分利用嵌入式系统构建赛博物理系统（CPS），实现创新、交互式生产技术的联网和相互通信，将制造业向智能化转型。有一个简单的说法：让德国制造的机床和工程机械不仅是一件商品，更是成为一种服务媒介（有点类似于利用战斗机作为情报、监视、侦察和通信节点），通过联网采集数据实现增值服务。再直白一点就是，以前机床再好也只能卖一次，以后则要持续给制造商创造数据价值。

在工业 4.0 愿景下的智能制造中，德国人提出了“智能产品”的概念，即生产线上的每个产品都通过嵌入射频芯片或二维码，存储全部必需的个性化生产信息，它可以通过赛博物理系统驱动自身从原材料到成品的生产过程。制造商不仅可以清晰地识别、定位产品，还可全面掌握产品的生产过程、当前状态以及至目标状态的可选路径。通过赛博物理系统，机器设备、存储系统和生产手段构成了一个相互交织的网络，信息在这个网络中可以实时交互、校准；同时，利用赛博物理系统还可得到各种可行的生产方案，再根据预先设定的优化准则，将它们进行比对、评估，最终选择最佳方案。也就是说，虚拟世界和物理世界无缝融合，让未来工厂的运行变得更柔性和更高效。

知识链接：

英文概念解读

国外有 3 个经常能看到的英文概念—— digital / intelligent / smart manufacturing，这三者用来描述智能制造其实都不全面，但各有侧重。digital——数字化，是从使能角度描述，强调了软件、数据、模型的全生命、全领域、全过程应用，强调了新工业革命时代的“新兴”资产；intelligent——智能化，是从功能角度描述，重在集成各类智能化的感知、分析、决策、执行关键技术，形成系统层级的部署；smart——聪明、灵巧，国内一般也都混同 intelligent 翻译为智能化，但也有专家赋义为智巧化，是从运行角度描述，重在实现精益、高效、降本、节能目标，基于数字化和智能化实现。本书认为，智能制造应该在 digital 制造使能基础上，以 intelligent 制造系统实现制造的 smart。从政策和规划的角度，我们发现德国强调的就是 smart 制造，美国同时强调 digital 和 smart 制造，而中国则一般强调 intelligent 制造。从欧美的智能制造理念看来，制造过程本身集成了众多智能化技术并不是目标，实现精益、可持续、节能、绿色、低成本、柔性等才是目的。

第一次工业革命

使用水和蒸汽动力
实现机械化生产

机械

第二次工业革命

使用电能驱动
实现大规模生产

第三次工业革命

电子和信息技术
进一步赋能自动化

第四次工业革命

数字化连接
赋能组织端到端运营

1800　1900　2000

数字工程（DE）

传统的模型和仿真（M&S）

基于模型的系统工程（MBSE）

基于仿真的采办（SBA）

美国国防部认为第四次工业革命在于先进数字技术的全面深化应用

深度数字化、网络化的美国智能制造

美国人认为，智能制造是将信息和通信技术与制造环境融合在一起，把制造的所有方面连接起来，从智能工厂延伸至整个供应链，能够实现产品需求的动态响应、新产品的快速制造、工业生产和供应网络的实时优化，以及实现工厂中能量、效率和成本的实时管理。

一方面，从大制造的角度考虑，美国希望将供应链整体纳入智能制造网络，实现节能、绿色、低成本；另一方面，从小制造——工厂生产的角度，美国希望进一步提升制造的智能化。特别地，美国十分重视数字工程在智能制造中的地位，国防部牵头组建的数字制造和设计创新机构，主要就是研究产品全生命周期中数字化模型和数据的交换，以及在供应链网络间的流动。

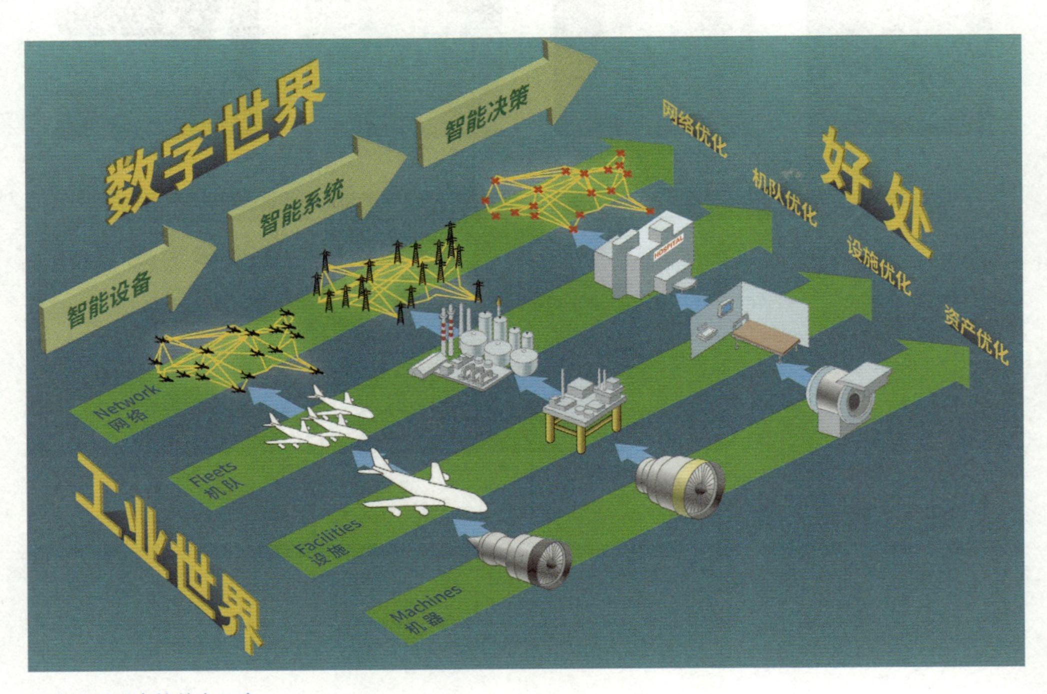

工业互联网中的数字元素

知识链接：

工业 4.0 和工业互联网

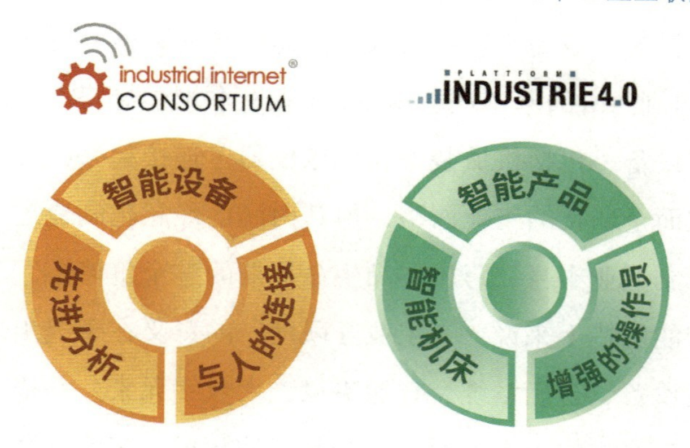

工业互联网与工业 4.0 范例

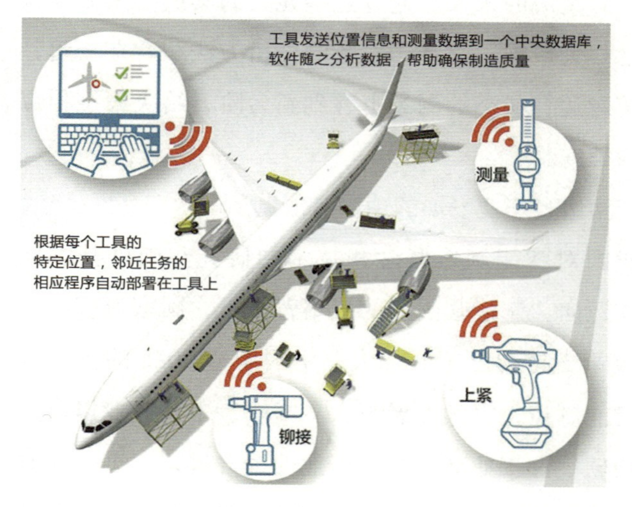

飞机装配用上工业互联网

德国人工智能研究中心提出了“工业 4.0”的三大范例——智能产品、智能机床、增强的操作员；GE 公司提出了工业互联网的三大范例——智能设备、先进分析、与人的连接。这些范例构成了智能制造的基础范例，指明了发展方向，可以看到两者的范例具有很大的相似性。具体到航空工业中，工业 4.0 处理航空产品制造中的大数据，如通过智能机床上的传感器采集并分析航空发动机涡轮叶片加工中的分子动力学，将制造业纵向深入到微观层面，提升产品质量和市场效率；工业互联网处理航空产品运行中的大数据，如通过智能设备（航空发动机）上的传感器采集并分析涡轮叶片的运行和结构状态，将制造业与广泛的服务业集成，提升运行质量和服务效率。

工业互联网正通过物联网向航空制造中渗透，如空中客车公司正在打造的制造系统物联网，在飞机装配中将测量装置、铆接装置和紧固件上紧装置等智能设备无线连接到中央控制台以及工厂数据库，通过定位信息自动部署任务程序，通过位置和测量数据的实时分析与操作控制确保作业质量。同时，通过工业 4.0 概念中的赛博物理系统，空客工厂的生产过程能够实现三维实时可视化，成为名副其实的数字工厂，从而监测甚至预测生产中的瓶颈和冲突，保证高效运行。此外，时下火爆的增强现实 / 虚拟现实技术既是“增强的操作员”的重要支撑技术，也是“与人的连接”的重要应用基础，扮演着连接人与航空智能制造的重要角色。

另外，由于网络和软件在智能制造中的突出地位，GE 公司提出了“工业互联网”概念，跳出制造业的传统思维模式，致力于软件投入，构建自身的数据分析能力。与工业 4.0 的基本理念相似，工业互联网倡导将人、数据和设备（包括机械装备和机床仪器）连接起来，形成开放而全球化的工业网络，但其内涵已经超越制造过程以及制造业本身，跨越产品生命周期的整个价值链。回到智能制造上来说，“工业互联网”的意义在于提出了智能设备、智能系统、智能决策三大数字元素，并描绘了三者集成的未来。通过这些元素的集成，工业互联网将把“大数据”与基于设备的分析方法结合在一起，让系统对运行状态的洞悉上升到新台阶，给决策过程带来新的维度。

知识链接：

我国政府部门 / 权威学术机构对智能制造概念的定义

科技部在 2012 年发布的《智能制造科技发展“十二五”专项规划》文件中定义：智能制造是面向产品全生命周期，实现泛在感知条件下的信息化制造。

工业和信息化部在 2016 年发布的《智能制造发展规划（2016—2020 年）》文件中定义：智能制造是基于新一代信息通信技术与先进制造技术深度融合，贯穿于设计、生产、管理、服务等制造活动的各个环节，具有自感知、自学习、自决策、自执行、自适应等功能的新型生产方式。

中国工程院在 2014 年出版的《智能制造》一书中定义：智能制造是先进信息技术与先进制造技术的深度融合，贯穿于产品设计、制造、服务等全生命周期的各个环节及相应系统的优化集成，旨在不断提升企业的产品质量、效益、服务水平，减少资源消耗，推动制造业创新、绿色、协调、开放、共享发展。

带动诸多产业发展的中国智能制造

我国对智能制造概念和技术的研究与国外基本同步，在迈向“制造强国”的战略背景下，国家对智能制造的政策支持力度不断加大，中国制造 2025 的主攻方向是智能制造，将其发展与众多高端装备制造业以及一系列的软硬件工业基础技术产业的提升绑定。近一段时期以来的全球竞争态势也一再表明，智能制造以及相关高新技术已经成为大国竞技的最新舞台，前言中所说 5G 和 AI 就是其中最激烈的战场之一。

我国认为先进制造技术正在向数字化、网络化和智能化的方向发展，而智能制造已经成为下一代制造业发展的重要内容。智能制造以信息技术和互联网技术的飞速发展，以及新型感知技术和自动化技术的应用为依托，是制造业自动化、信息化的高级阶段和必然结果，是典型的工业化与信息化深度融合的产物。我国对智能制造的定位与欧美相当：一方面，智能制造体现在制造过程可视化、智能人机交互、柔性自动化、自组织与自适应等特征；另一方面，智能制造体现在可持续制造、高效能制造，并可实现绿色制造。这种定位强调了智能制造装备在其中的重要作用，将增材制造和机器人都纳入了智能制造的研究范畴，而且突出了智能制造应该具备的绿色、节能、可持续要素。同时要看到，由于基础零部件、核心器件和嵌入式控制系统、工业软件薄弱，我国向智能制造迈进还必须同时且持续进行补课。对我国来说，5G 和 AI 以及工业互联网、大数据暂时只能是赛博端的“锦上添花”，要想拥有领先的智能，从根本上要先具备强大的工业基础体系。

智能制造“四化 +”

习近平总书记在 2018 年两院院士大会上指出：“世界正在进入以信息产业为主导的经济发展时期。我们要把握数字化、网络化、智能化融合发展的契机，以信息化、智能化为杠杆培育新动能。”第二次工业革命让自动化成为可能，第三次工业革命的信息通信技术成果不断催生数字化、网络化、信息化。数字化、网络化、信息化、自动化这“四化”是实现智能化的基础和关键。那么伴随着第四次工业革命的智能制造，这“四化”又会如何进一步升级？对于“第五元素”智能化又怎么理解呢？

（1）“数字化 +”。在智能制造时代，数字化不再是简单的无纸化手段、外形结构的三维设计建模，而是无处不在、几乎无所不能的建模仿真，跨越全寿命周期的信息表达和传递方式。从作战场景、军力需求到装备

模型贯穿 F-35 寿命周期

功能架构、全机物理特性，再到数控加工中零件表面形态变化和使用中结构材料裂纹增长（均为分子尺度水平）的所有要素，都能够用模型来表达并基于模型和数据实施分析和预测，是武器装备产品、资源、流程的全寿命周期全面模型化。当然，这样做的成本也是可观的，模型越复杂、逼真度越高，其建模仿真时间和花费也就越大，不过通常效果是显著的，所以同样需要建立成本模型权衡利弊。

（2）“网络化 +”。在智能制造时代，网络化不再是简单地提供协同平台，更不是搞互联网营销，而是提供数据传输、信息综合和知识共享的综合通信解决方案，包括云。智能制造内在要求建立一个“人—机—物”彼此互联的环境，并且通过泛在传感器以及先进测量等物联网技术，实时采集各类状态数据，形成所谓的工业大数据。就像网络中心战一样，智能工厂要想运筹帷幄，就得时刻知道人在干嘛、机床状态如何、物料和工件在哪，再深一步就是通过机床得知工件加工得如何、刀具磨损了多少，互联互通无处不在。不过，遍布近场通信和无线网络的军工厂的赛博安全问题也是格外严峻的，美国国防部和国防工业协会就多次发布报告表达担忧，特别是工控系统，需要部署强大的安防技术。

（3）“信息化 +”。在智能制造时代，信息化不再是简单的办公软件和管理系统，而是从经营决策级的企业资源规划（ERP）到现场实施级的制造运行管理（MOM）系统，以及内嵌在各个流程中的实时分析决策能力。这些系统从参考架构到数据接口都必须是互操作的，也就是说语义要统一、数据能融合、功能可贯通。这一点可以参考多国联合军演，可能都得用英语交流、数据链要能打通、多源传感器数据能融合分析，而且不允许出现 S-400 与北约系统不兼容的情况。特别地，怎么沉淀和重用人的知识技巧成为关键问题，这对显性知识的结构化、隐性知识的“互联网 +”提出了迫切需求。

（4）“自动化 +”。在智能制造时代，自动化不再是接受指令被动执行的低级形式，而是借由上述三者的升级具备一定程度自主意识的高级形式。执行智能制造的自动化设备能够根据状态信息做出预测和判断，实现人工智能与人类智慧相结合，并且精准执行最优决策。比如汽车工厂里固定在一个位置上执行简单编程命令的机器人，那只是低级自动化；在空客工厂里自由行动、规避障碍、自我学习、与人协作的柔性机器人，可以称之为高级自动化；如果人工智能再上一个台阶，甚至可能达到完全自主化，即只需接收到一个目标状态就能自行规划任务路径，单独处理或寻求其他机器人配合完成各项工作。

知识链接：

一个智能化场景示例

工厂接到订单要生产一个新开发的复杂形状金属零件，产品的技术数据包中带有集成了材料属性、产品性能等信息的三维数字模型，中央控制台将模型发送到一台具备“粉末 3D 打印 + 切削”功能的混合机床内，使用这种智能机床不再需要花费 4 个月的时间来设计制作加工模具。机床读取模型后，根据一系列规则库和知识库自动规划最优的工艺路线，完成一系列复杂且多次重复的 3D 打印、粗加工、换刀、精加工、测量、翻转工件、重新定位的过程。在此过程中机床传感器实时监测并控制原料粉末的熔池大小、熔化温度和固结速度、工件的外形和位置、刀具的切削力和磨损，还可以在线检测零件各部分的内部结构，通过图像识别发现缺陷，并将相关信息叠加到产品模型中形成专属于这个零件的数字孪生模型。零件完成之后，机器人将零件拿出放到无人自动导向车中运输到库房或下一个生产单元，通过射频识别或二维码传递产品信息，同时，数字孪生模型也将一直随着这个零件并根据零件后续加工和使用、修理情况而更新。核心生产过程可以想象为一个机器人看到某款乐高玩具的成品图后，自动将数千块乐高积木按最优顺序拼搭完成，边拼搭边检查积木拿的有没有错、安装的力道合不合适、积木间的咬合紧不紧。

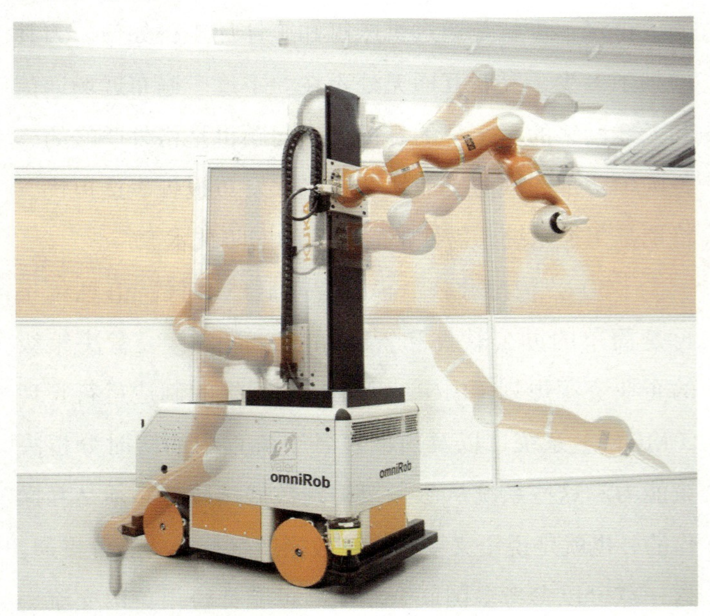

专为飞机装配开发的自由协作柔性机器人

最后，智能化又是什么？没有媒体上说的那种炫酷的终极人工智能加持可以吗？可以，只要上述几点融会贯通，加一点入门级别的如图像识别、机器学习就可以，如果能到自主决策、自主协同那就更棒了。理解智能化其实可以借助于各国对于智能化战争的研究，不论是战争还是制造，本质上都是复杂大系统加上人形成的复杂组织体的运行。

智能制造版 OODA

美国空军提出过一个经典的OODA循环理论，OODA即军事作战中的“观察—判断—决策—行动”，该循环是根据人脑的决策过程建立的模型，也是战斗机飞行员在复杂空战环境中完成一系列作战行动背后的逻辑抽象。这个用于空战的理论既可以指导商业竞争和企业运营，也可以指导社会生产和工厂制造，因为其本质上都是一种“operation”，即运行，这些运行的背后都会存在类似的逻辑抽象。智能制造中就有类似的“感知—分析—决策—执行”，即SADE，你会发现OODA和SADE在本质上有很多相同之处，可以帮我们更好地理解智能制造。

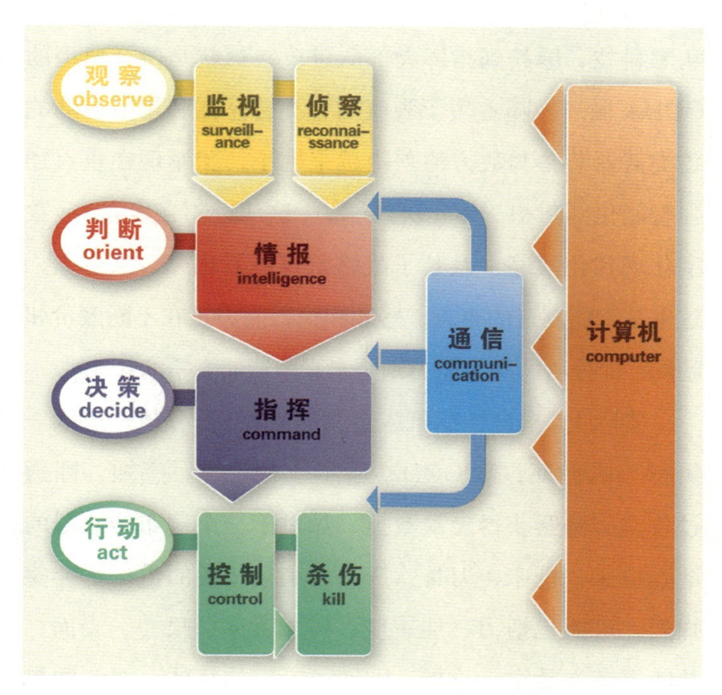

典型的 OODA 循环

战场环境是极端复杂的，特别是现代高技术战争，战况往往瞬息万变，从地面单兵到空中战斗机编队，时时刻刻都可能遇到新的对手和战术。因此，现代战争非常重要的一点就是ISR——情报、监视、侦察，这就是一个利用各类传感器感知战场变化、敌方动向和我方状态的过程。这一过程产生了海量情报数据，不论是单兵，还是各类武器装备，都会实时收到大量未处理的数据，或者已经初步加工过的信息，这些信息可能直接是可视化的、可以指导下一步行动的，也可能仍然需要进一步处理成为可用于分析判断当前形势的信息。之后，就要以最快的速度由这些信息得出下一步该如何行动的结论，对于战斗机几乎就是瞬时响应，否则就会错过最佳攻击时机甚至被敌方火力击中。经典对战游戏《星际争霸》或者《魔兽争霸》中，从派兵侦察到分析敌方策略，从攀科技、爆兵到指挥大部队进攻，这就是一个典型的OODA循环。随着用于观察的各类传感器和用于行动的各类武器装备与敌方的差距越来越小，美军现在重点加强智能化判断和一体化决策能力，这从近年来发布的《数字化现代化战略》及其子战略就可以看出来。实际上，这也是智能制造的重点，感知和执行能力正在不断廉价和趋同，而分析和决策能力则是未来制造业竞争的新要地。

实际上，来自智能机床定义的“感知—分析—决策—执行”的循环，和OODA是一一对应的。感知，即通过各类传感器获得大量数据，如对于一个遍布传感器的增强机床，机床、刀具、产品、工艺相关的数据都会感知到，可能包括力、加速度、声、温度、尺寸、表面、功能等各类数据。分析，即通过一定的算法，对不同类的数据进行特征提取或模式识别，分析出有用的信息，如刀具偏差、刀具磨损、表面粗糙度等状态和趋势信息，这些信息能够支撑人或者机器进行下一步的决策。决策，实际上是使用知识通过逻辑推理进行趋利避害选择的过程，如根据刀具磨损趋势，决策最佳换刀时机，使其既不会造成零件损坏也不会出现过早换刀的情况，当然，能拥有这样的知识，肯定也是通过许多的试验、经历一次次失败而形成的。执行，实际上本身也包含无数小的SADE循环，从而能够把决策规划好的动作优质完成，如自动换刀，利用机器智能就可以完成得很好，但如果跳出这个约束，考虑换什么样的刀才更加经济、高效，那就是人类智慧才能达到的高度了。机器智能和人类智慧都利用知识，但后者显然更具创造性，拥有智能的机器不一定会有好结果，科幻电影《终结者》中的天网系统就是如此，而拥有智慧的人类某种意义上一定比机器更可靠。OODA循环中也有这一问题，如到底让不让无人机自己“发射”导弹，一直以来都存在争议。

任何制造系统的解决方案，目标都是其交付产品和服务的进度、性能和成本，追求上市快、口碑好、利润高是企业从事生产活动的天然追求，动态感知、实时分析、科学决策、精准执行是智能制造系统要实现的根本功能。智能制造的典型特征目前就定位在这里：动态感知——全面感知供应链物流、企业、车间、设备、工件的实时（运行）状态；实时分析——对获取的状态数据分类进行及时、快速的分析；科学决策——按照设定的规则和掌握的知识，根据数据分析的结果，自主做出科学的判断和严谨的选择；精准执行——执行决策，对设备状态、车间甚至企业的运行做出调整。这里的智能制造是相对狭义的小制造概念，不过也可以用来指导工厂实施智能生产乃至智能保障。当然，人的要素及其作用在这里还没有体现，在人工智能还很初级的今天，绝大多数智能制造系统还是会“人在环路”，仅仅是各类软硬件设备 / 系统的无缝集成还不够，还需要将人无缝融入其中。

知识链接：

DIKW 金字塔模型

“感知—分析—决策—执行”循环实际引出了更有名的一个金字塔模型，“数据—信息—知识—智慧”（DIKW）。美国航空航天工业协会对这个循环的描述：数据在机器和机器之间传递，在一定的需求背景下通过数据加工处理，就会成为有用的信息；信息在机器和机器之间、人和机器之间传递，分析足够的当前信息、掌握足够的历史信息就会形成知识；知识在人与人之间、机器与人之间传递，机器存储显示知识，人类拥有意会知识，利用知识做出好的决策是智慧的体现；而智慧，只有人类拥有，机器最高只能拥有智能。总的来说，就是智慧适当地使用各类知识，知识是不断捕获有用的信息形成的，而信息是得到管理和保存的数据。认识到智慧只属于人类这一点很重要，因为避免了智能制造的一个误区，即把人与智能制造割裂开，忽视了智能智慧协同、同时利用数据与智慧创造价值的意义。这应该也是现代工业制造的一个永恒主题，处理人与机器或者说自动化的关系，对智能制造尤为突出。

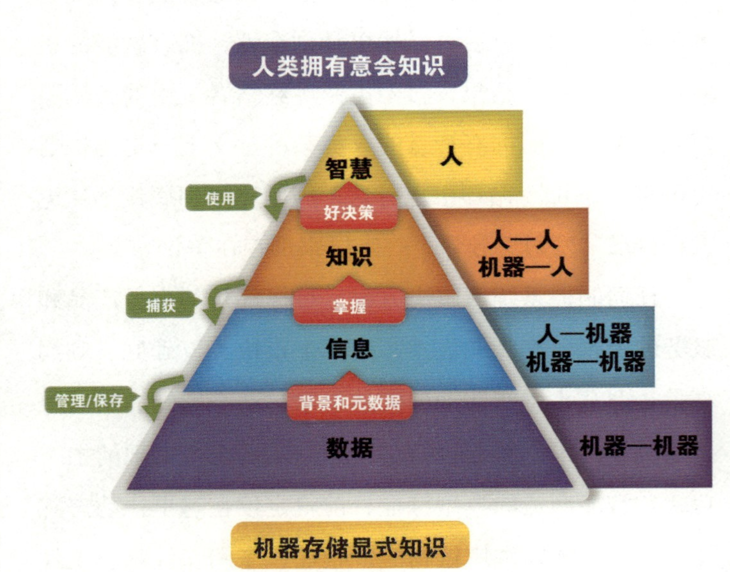

经典的 DIKW 模型

第 2 章

优术才能赢

—— 解密核心黑科技

智能制造是一个“升维”体系，军工制造业最终要建立的智能制造模式也必须是一个完整的体系，本书将智能制造分为三类技术簇：跨生命周期和复杂组织的数字工程技术，连接虚实世界的赛博物理生产系统技术，以及不可或缺的将人融入智能制造的智能人工增强技术。数字工程技术是美军《数字工程战略》中提出后为波音、洛·马等军工巨头接受的概念，它的核心是建立数字线索，即软件使能、数据驱动、模型贯穿的全生命周期分析能力，充分利用技术数据和工程知识支撑最佳决策。赛博物理生产系统技术的概念已经随工业 4.0 为人熟知，它利用数字线索，支撑生产过程中的“动态感知—实时分析—科学决策—精准执行”。智能人工增强技术由数字线索支撑，提升人类对复杂系统和过程的理解和洞察，发挥人类智慧实施创新，确保任务高效无误执行，消除智能制造的可能瓶颈。

2.1 数字工程技术

—— 决胜数字空间

本节将分别从物理特性建模、数字孪生以及制造中的人工智能来介绍数字工程技术，其发展离不开数字工程生态系统。我们讲安卓 / 苹果生态系统，其实就是符合安卓 / 苹果系统各自数字化标准的软件 APP 及其开发体系、配套硬件，特别是 APP，能够完美地运行在系统中，一些 APP 还可以共享数据、互相嵌套界面。数字工程生态系统也类似，海量工程软件依托计算机系统，在一个数据格式标准统一或能够无损转换的数字空间中，进行各种各样的建模仿真、数据处理。重要的是，这些模型和数据可以跨生命周期无缝集成、连续传递，从而能够进行真正的多学科、多专业、多物理量联合仿真优化，在数字空间预测和处理各种可能的缺陷或错误，或者追溯并消灭已有问题的源头，从而在装备寿命周期的所有活动中，支撑所有重大和一般的项目决策。

知识链接：

F-35 项目与数字工程生态系统

F-35 项目的数字工程技术应用是其一大特点，是我们理解数字工程生态系统的最好窗口。F-35 在项目范围内实现了单一数据源和产品生命周期管理（PLM），建立了全面的数字样机模型和跨生命周期的数字线索，装备的设计、大量分析试验、制造和装配过程、工厂布局和运行规划、使用和保障过程等全面利用数字模型和实时数据，支撑了对性能和绩效的仿真。设计时，数字工程生态系统提供了基于数据和模型的综合管理框架，建立了分布式的产品设计和开发环境，支撑了项目绩效评价和系统性能评价等；制造时，提供了构型控制和数字制造条件，支撑了飞机性能评价和试验与鉴定等；使用中，提供了状态感知信息技术，以及健康诊断信息技术，支撑了飞机效能评价等；后续供应、保障、维修、训练中，提供了训练能力和产品数字综合保障条件，支撑了自动后勤性能评价等。

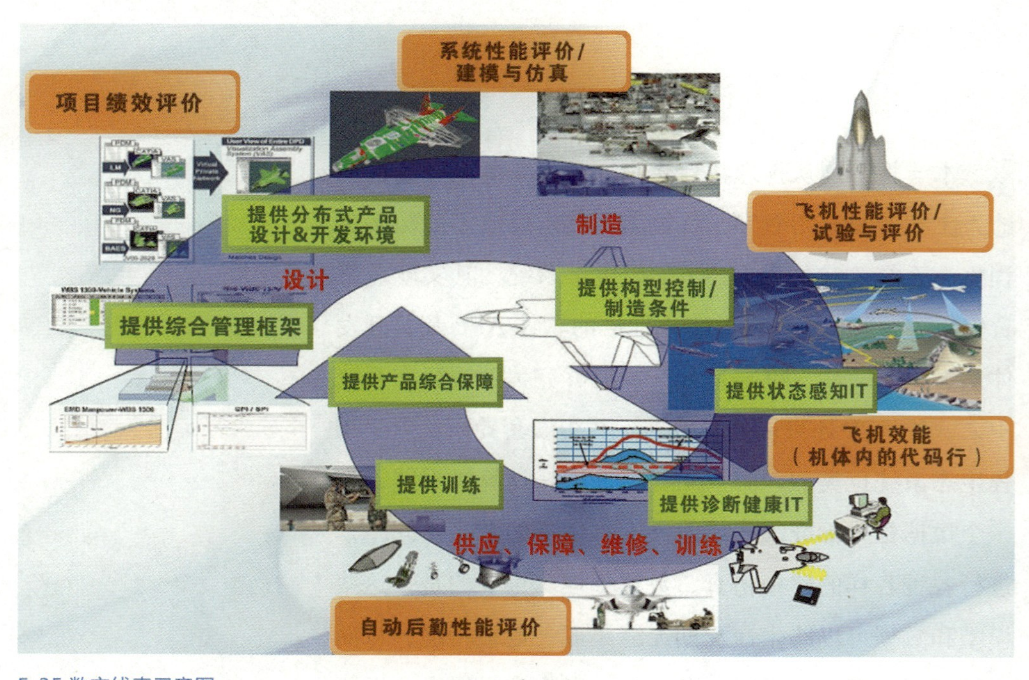

F-35 数字线索示意图

装备也有 DNA

人类的基因由一个个 DNA 片段组成，很大程度上先天决定了人的性状、智力水平、健康特征、性格特征、行为特征、遗传疾病等方面。同样，装备的设计基本也就决定了装备的代次、性能水平、寿命特征、结构特征、通用质量特性、寿命周期成本等方面，这些设计现在都可以依托装备的 DNA——数字化模型来一一表达，模型中的每行计算机代码，都是装备“遗传信息”的一部分，要陪伴它整个寿命周期。这里说的数字化模型，不是做金工实习或者设计家装时画的那种简单的 CAD（计算机辅助设计）实体模型，它只有几何表达（所谓空间位置、长宽高和曲率）的作用，说是实体，实际上只是涂了颜色的一个三维造型块，内部是“空空如也”，只能决定外形长什么样。在智能制造中，要所想即所见，做高逼真度的物理性能仿真，必须依靠建立物理特性模型，这才是装备真正的DNA，能够决定装备的诸多方面。

物理特性模型或者基于物理特性的建模，意味着这个模型表现出的各种行为是受物理定律支配的，而不是数学上的插值（如 FLASH 动画中的那种），从而可以让模型进行力、热、电、磁、气动、结构、推进、控制等各种物理过程的物理量仿真，让模型真正成为可以全面表达产品理想性能特性的 DNA。早年《街霸》《拳皇》《反恐精英》《魔兽争霸》这样的游戏，身体或武器攻击的减血判定都是靠几个简单的几何模型是否“位置重合”了来计算的，真实感很低。而后出现了各种新型游戏引擎，采用物理演算系统，包括人物互动、身体碰撞、声音和图像等都遵循物理学。玩家可以利用物理特性对道具进行影响（例如冲撞障碍物使其移动，破坏建筑物让碎片飞溅等），在物理演算系统中可以达到更复杂的物理表现效果，使游戏中的特效具备更加真实的冲击及毁坏效果。电影《流浪地球》中，所有的雪花和钢铁也利用了基于物理特性的建模，雪的融化或钢的断裂都是通过物理定律计算出来的，过程相当逼真。这些动画都不再是传统的“3D 动画”。

武器装备研制周期和费用经常猛涨的一个很大因素就是物理样机和物理试验的不断反复，往往到样机试验出了状况才能发现早期设计中存在的结构缺陷或性能缺陷，这时就需要花费大量时间和费用去变更设计、重新制作样机进行试验，如果还有问题就需要再次返工，而且还不能保证所有缺陷都能得到修正。像力、热、电、磁、气动、结构、推进、控制这种试验，一般就是通过各种

子弹路线、破坏方式、光影效果都是基于物理定律计算出来的

物理过程，采集各种物理量的数据进行分析。如果数字空间中的物理特性模型已经足够逼真，可以完美展现如塑性变形、裂纹增长、燃烧爆炸、电磁感应、弹性运动这些物理过程，只做虚拟试验就有可以接受的置信度，一发现缺陷就在计算机上及时处理掉，那么就能够节省大量的时间和成本。这就像 DNA 编辑，让生命天生就具有优良的品质，并且免疫许多病害。

因此，为了改变这种情况，加速实现新一代武器系统的研制，美国国防部开发了基于物理特性的先进建模仿真工具。美国可以利用超级计算机的高速运算能力，在数字空间中“创造”特别逼近真实的虚拟武器系统（如飞行器、舰船、车辆）和它们的运行使用环境（如大气、海水、土壤），即一系列物理特性模型。然后，就像 DNA 检测能够筛查潜在疾病一样，通过对高逼真的虚拟样机模型——装备 DNA 进行计算机仿真分析，就能快速、准确地预知武器系统结构和性能，从而无需真实物理样机的制造和试验就能消除设计缺陷。

给装备一个“双胞胎”

当你站到镜子面前时，镜子里就会出现一模一样的人，一个实时镜像你的音容笑貌的虚像，你们仿佛一实一虚的“双胞胎”。试想存在这样一项技术，能让这个虚拟的你 “存在”于计算机中，并且能像量子纠缠那样能瞬间同步，随时保持为真实的你的最新状态，你做了手术或者牙坏掉了，它也会实时出现伤口或裂纹。更厉害的是，如果你之后再做剧烈运动或咬硬东西，计算机可以在真实的你还没有发生什么的情况下，预测虚拟的你什么时候伤口裂开或者牙齿碎掉。装备也可以有这么一个“双胞胎”，业界更愿意把它叫做“孪生体”，一个是物理世界真实的孪生体，另一个是数字世界虚拟的孪生体，而且“孪生”本身也可以作为动词，使得两个孪生体的产生以及之间的互动关系变得更加形象。最简单的一个孪生过程就是电影中的动作捕捉，把真实人物的行为映射到虚拟生物上来，洛·马公司在 F-35 战斗机上也搞了一套。

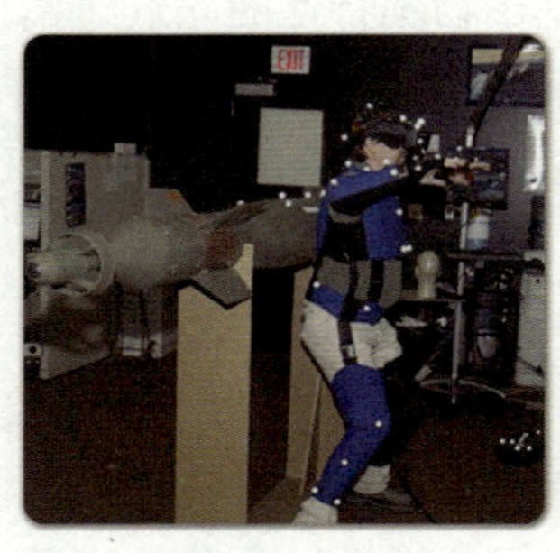

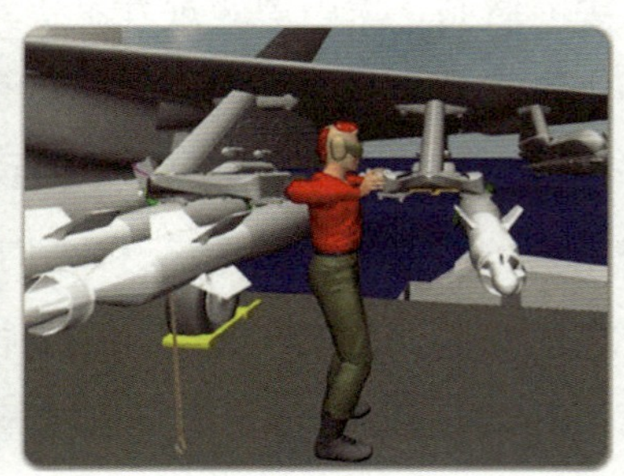

最简单的数字孪生过程

“数字孪生”的概念来自于航空航天领域。2009 年，美国国防高级研究计划局和美国空军研究实验室开始研究数字孪生概念在飞行器上的应用问题，2010 年，美国国家航空航天局（NASA）在《建模仿真信息技术与处理路线图》中定义了数字孪生。2011 年，美国空军研究实验室和 NASA 共同启动了“飞行器机体数字孪生”项目研究，将机体数字孪生定义为数据、模型和分析工具的一个集成系统，能够表征一个机体的整个生命周期。

一个完整的数字孪生系统至少包括一对物理孪生体和数字孪生体。物理孪生体是依据原始的虚拟系统模型制造出来的物理系统，可以获取其性能数据、健康数据、维修数据等；数字孪生体是在物理孪生体的数据传入原始的虚拟系统模型后生成的，它既可以继续执行模型的功能进行仿真分析，并且将结果用于对物理孪生体进行调整或做出诸如预先维修这样的建议，也可以记录物理孪生体经历的诸如维修这样的事件。

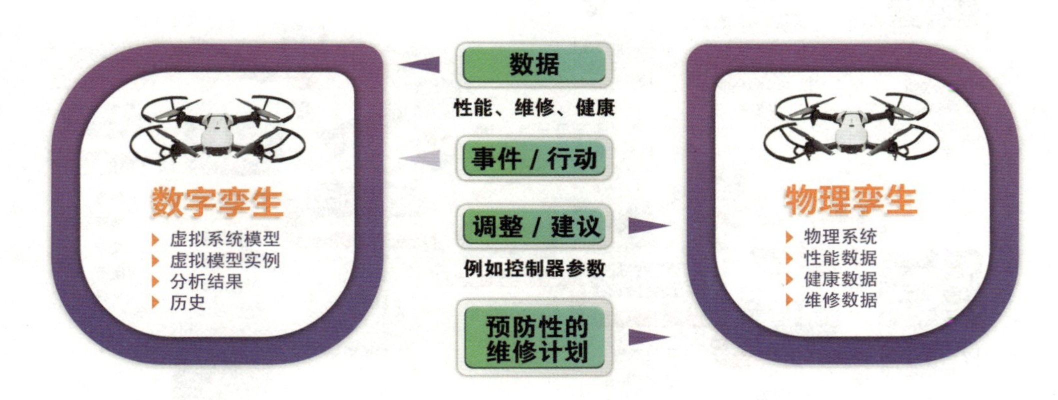

完整的数字孪生系统

数字孪生融合了各类模型与数据

知识链接:

机体数字孪生

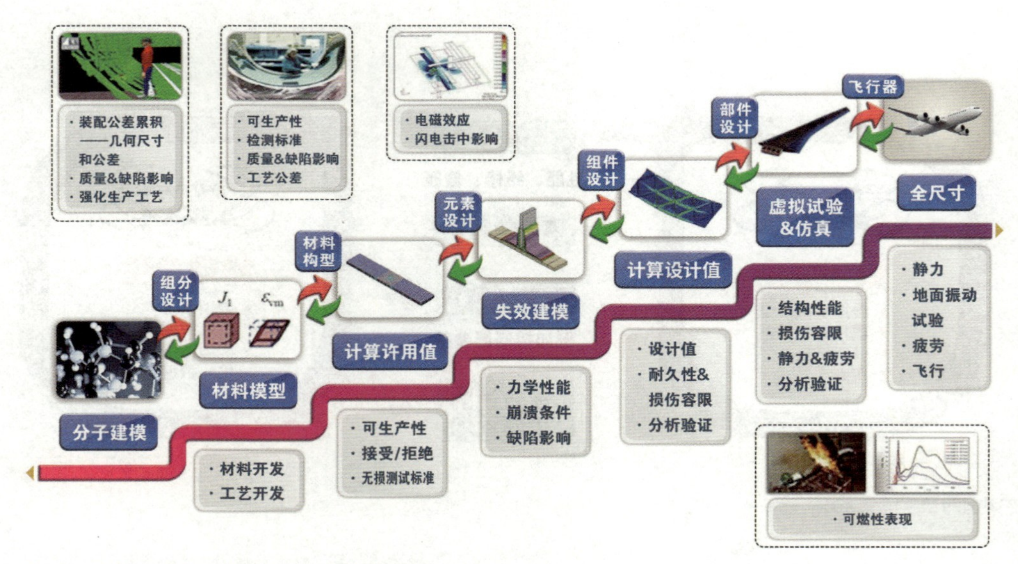

波音公司建立了从全尺寸到分子尺度的模型

美国国防部给出的数字孪生定义是：①由数字线索使能，使用最佳的可用模型、传感器信息以及输入数据；②对已建造系统的一个多物理、多尺度和概率性的集成仿真；③镜像和预测相对应的物理孪生生命周期的活动 / 性能。我们再简单理解一下：

元素 1，数字线索支撑了模型和数据无缝双向传递，这是可用模型成为数字孪生的关键。最佳意味着面向不同应用，可能是精度越高越好，也可能是越抽象越好，前者逼真但是太耗费计算资源，后者“粗糙”但是能快速解决海量简单问题。传感器信息往往就是实时更新的，输入数据则说明可以接收历史数据，最佳意味着不一定每次都需要更新或输入所有数据，工业界往往需要的不是混乱的大数据，而是集约的“小数据”。

元素 2，既然是已建造系统的仿真，那么必须先有物理系统，然后才有其数字孪生。多物理——对于武器装备，更有意义的是物理特性模型，能够仿真力、热、电、磁、气动、结构、推进、控制等多种物理过程。多尺度——从全尺寸到分子原子尺度，尺度越小，精度越高，消耗的仿真资源越多，所以要求高性能计算能力。概率性——一个决策可能有 80% 导致 A 结果，20% 导致 B 结果，概率性仿真分析就是将此展示给决策者，这也是现在美军采办风险管理中最重要的活动。

元素 3，镜像活动、预测性能是数字孪生最重要的两大应用方向，前者如 F-35 和 A400M 总装线上，利用物联网实现的生产线数字孪生，每一个机翼、机身的移动轨迹都可以跟踪；后者如“飞行器机体数字孪生”项目，它采用了美国国防高级研究计划局“结构完整性诊断系统”等项目的成果，能够预测未来的结构损伤和使用寿命。

数字孪生对于装备全寿命周期的作用主要有如下3点：

（1）增进理解。通过F-35的数字模型只能了解理想状态的F-35——无制造瑕疵、无性能缺陷、无使用历史的完美F-35。我们实际需要掌握的是每一架制造完、使用后、修理过的F-35的数字孪生。通过DNA中的基因可能了解八胞胎大致有什么共同特征和特性，但是每一个胞胎生出来了，我们就得关注他/她的特异性了，这就是数字孪生的用武之地。每一个F-35的数字孪生都是对单独一架F-35的最好诠释，基于此数字孪生的模型进行的个性化仿真才能增进我们对每一架F-35个体的理解。

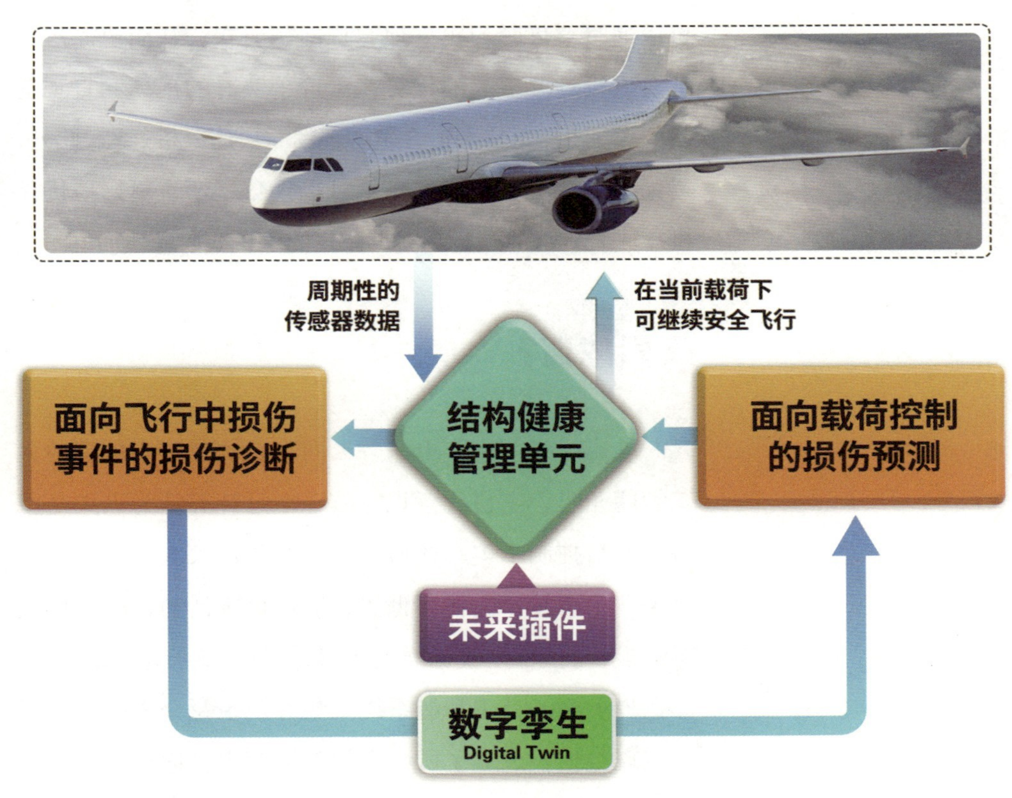

基于数字孪生的结构健康管理

（2）加强预测。在个性化的制造瑕疵、性能缺陷、使用历史之下，分析个体独特的外形特征、结构特性、性能约束，从而预知通过传统数字模型无法预测的产品在不同条件和环境中的表现。利用数字孪生，能够精准地对每个产品进行预测，例如基于损伤状态的结构寿命预测和健康管理。未来的人体健康管理应该和装备的差不多，利用各类传感器和检测结果，建一个属于自己的数字孪生，实时/定期更新，不断分析预测可能的骨科问题、肿瘤癌症甚至剩余寿命，提示及时就医或健康生活。

（3）深度优化。很多时候，设计改进往往是出现了各种质量问题之后才进行的，数字孪生可优化这一过程。数字孪生比传统质量数据分析具有优势的可能是：可以通过群体学习更好地掌握问题所在，从而更深层次地改进设计。更大的优势在于近乎实时的反馈和直观透明的可视化，这特别适合生产现场的快速分析处理。此外，增强预测性维护功能本身就可以让数字孪生更好地优化机床或者机群的运行，减少昂贵的停机或者停飞时间。

天网成真?

电影《终结者》中，“天网”系统是一个厉害的人工智能角色，它自我意识觉醒，通过计算认为人类是威胁，然后控制了美军的所有武器装备消灭人类。为彻底灭绝残余力量，它侦察世界，监视可疑活动，搜集反抗军情报，与各种作战机器人通信，指挥灭绝行动。美剧《西部世界》中，人工智能系统采集并记录每个人的一切历史表现数据，建立了所有人的数字孪生，通过机器学习掌握和预测性格特征和能力水平，从而牢牢控制了他们的社会角色。如果工厂中也出现这么一个高度人工智能的 C^4ISR 系统，能在赛博世界主宰现实世界，人类可能就真正进入了智能化生产时代。这里从智能制造的角度浅谈一二。

尽管业界有人工智能发展的三起三落之说，但制造业一直在探索应用人工智能来辅助设计和生产，无论是初级的还是高级的。例如早期的专家系统，在计算机系统中嵌入大量专家水平的工程和工艺知识与经验，利用人类专家的知识和解决问题的方法来处理各领域的问题。之后，各种智能控制、逻辑推理、机器学习等智能算法飞速发展，比如数字孪生系统中有监督学习、无监督学习和强化学习功能，它们能够增强赛博世界的智能化水平，大大促进智能制造的发展。实际上，工业场景中的人工智能比商业中所需的人工智能可能更为复杂。

以大数据分析为例，对于商业界来说，数据量越大越能清晰地展示数据之间的关联关系，如产品特征和消费习惯之间的关系，数据不需要实时分析，不需要很高质量，分析结果不要求特别准确，可能有一个大概的趋势或指向就可以。然而工业界则不同，更多地需要掌握复杂的工业知识和机理模型，挖掘数据背后的深层次问题并且及时解决，所以对数据的实时性要求高、质量要求也高，往往可能只需要直接和问题相关的“小数据”，分析结果要求非常准确，因为一个错误可能就造成停机停产、设备损坏和伤亡事故。从“数据—信息—知识—智慧”金字塔的角度来说，商业人工智能更多的是走“数据—信息”过程，如区分开狗与拖把的图片，它只要知道几个关键信息就可以了；而工业人工智能则要求完成“数据—信息—知识”过程，例如把不合格的工业产品挑出来，它必须知道产品的特征、性能指标以及检测标准，这都浓缩了丰富的工业知识。

区分狗与拖把的训练

当前人工智能在智能制造中的应用看着不像世界大脑一般的“天网”那么厉害，但正是这些技术的不断成熟应用给智能制造带来了光明的未来。例如可以在工厂中自由移动的协作机器人，它可以像无人机进行集群编队或者与有人机协同一样，与其他机器人或人类协同工作。随着赛博物理系统和人工智能等技术的发展，赛博端将越来越“聪明”，这将让协作机器人以及控制这些设备的中央控制系统具备较高水平的智能决策、指挥与调度功能，一个工厂级的“天网”可能就出现在不远的将来。

知识链接：

人工智能在智能制造中的初步应用

通过图像自动计算铺层厚度

依托机器学习，模式识别和图像识别已经在智能制造中得到一定应用，例如刀具寿命预测和制造缺陷检测。切削刀具在机床加工工件的过程中会逐渐出现磨损甚至突然破损，在破损前或磨损到加工质量下降前必须换刀。现在的机床都加装了力、振动、声学等若干传感器，可以对比采集的数据和实际情况，分析出磨损状态与各种数据曲线的关联关系，形成诊断刀具健康状态的知识并建立关系模型，从而能够通过传感器数据进行精确的刀具失效模式识别，预测刀具寿命以实现精准换刀，既不浪费还没坏的刀，也不会造成加工缺陷，一把好刀要上千元，工件可能几万、几十万。这些功能结合物理特性建模、局域网云计算、制造大数据和联网机床的群体学习，还可以成为更为智能化的加工工艺规划工具。

大型复合材料结构件一般来说是纤维自动铺放设备一层一层地将原材料丝束铺叠而成的，其自动化的瓶颈在于每一铺层铺放之后必须停机，由检测人员根据投射在模具表面的激光轮廓通过肉眼与铺层进行对比，确认丝束末端精度，之后使用手持放大镜扫描缺陷，对于一个需要铺数百铺层的机翼蒙皮壁板来说，人工检查既费时费力又难以保证不遗漏。现在的设备可以安装高精度传感器实时测量获取数据，然后通过图像识别的手段分析缺陷问题，如 F-35 短舱和波音 777X 机翼制造中都采用了自动化结构检测系统，能够识别诸如遗漏或扭曲的丝束、丝束间的空隙、未精确铺放的丝束，以及桥接、褶皱或铰接，外来物体与残骸等。

2.2 赛博物理生产系统技术
——虚实之间成就智造

在生产系统中部署集成了通信、计算、控制功能的赛博物理系统（CPS）是智能工厂的本源，这时整个工厂就是一个大的赛博物理生产系统（CPPS），它是以网络为中心的制造系统。在赛博端，数字空间中运行着数字模型和人工智能算法，通过工业互联网与物理世界的生产系统不断交互。首先为生产系统建模，以模型驱动生产系统建设（C 到 P 的通信），运行之后采集数据（P 到 C 的通信）建立生产系统的数字孪生，并运用人工智能实时分析（C 端的计算），实现模型加数据驱动的生产系统监控优化（C 到 P 的控制）。赛博端的运行主要依托数字工程技术，本节主要介绍物理端的重要元素以及赛博端与物理端之间的交互，包括传感器网络、智能机床、先进机器人、工厂中的无线通信以及智能制造系统集成等。

在工厂开个天眼

科幻电影《鹰眼》和《国家敌人》中，能够监控整个城市、国家甚至地球的网络化传感器系统令人印象深刻，美国政府大规模监听计划“棱镜”也是触目惊心，它使世界上每个人不再有秘密。美国空军在描绘“未来工厂”时就提出了无所不知的“天眼”概念，这是一个由各类传感器网络组成的工厂级情报、监视和侦察（ISR）系统。在未来工厂中，“天眼”可以洞察所有制造活动和制造资源，采集继而分析一切有用的数据，支撑后续的工厂级的指挥、控制和通信（C^3），实现赛博物理系统的功能。

GE公司提出的“卓越工厂”与这个“未来工厂”如出一辙，贯彻了GE工业互联网的理念，提出利用类似“天眼”的手段监控工艺过程和生产运行，实现能量管理、耗材管理、工艺优化和设备健康管理。能量管理方面，遍布工厂的环境和安全等传感器可以支撑电力、工业废气、建筑物耗能、压缩气体等的管理；耗材管理方面，通过射频识别（RFID）、数字化测量等技术可以支撑耐用品和刀具寿命等的管理；工艺优化方面，通过遍布机床的切削力等传感器可以支撑工艺数据分析、刀具磨损跟踪、全局设备效率提升等；设备健康管理方面，通过遍布生产线的传感器可以支撑生产维护计时器和车间仪表板的实时可视化。GE航空最新建设的发动机陶瓷基复合材料零件生产厂就部署了一个“银管网络”，传输从每台机床设备上采集的大量传感器信息。

能把物理世界状态转化为数字空间数据的方式有很多，以前很多情况下只能靠人眼这种传感器离线记录有

知识链接：

再讲赛博（cyber）

本书对赛博（cyber）使用了音译，而不是“信息”“网络”或者“网电”，因其含义远超于此。“cyber”一词来源于古希腊语“Kubernetes”（舵手），后被控制论的创始人引用作为前缀，现在一般指通过电子工具或计算机对复杂过程或系统进行的自适应控制，其中信息可以说是媒介，而网络是使能手段。赛博物理系统中的赛博就是指利用通信手段（各种网络）通过计算（从数据形成可执行信息）对物理世界进行自适应（实时反馈）控制，原汁原味的动名词“赛博”显然包含这一过程最完整的元素，这不是“信息”和“网络”这样的纯名词所能表达的。索尼数码相机的著名商标“cybershot”，就是“控制”每一次拍照（shot）的意思。

而赛博物理生产系统中的P—C—P的过程也像是“从传感器到射手”的一个综合C^4ISR过程。P到C之间，最重要的是泛在传感/物联和实时通信，相当于通信+ISR（情报、监视、侦察）的动态感知，数据融合和计算是放在赛博端的；C到P之间，实时分析和科学决策的结果，反馈回物理世界，相当于C^3（指挥、控制、通信）的精准执行，可以看到工业互联网在赛博物理生产系统中的重要性；物理世界中，数控机床、机器人、3D打印机、AGV小车等设备以及工装模具等，都是被控制的对象，它们的高精度能力也是精准执行的基础。

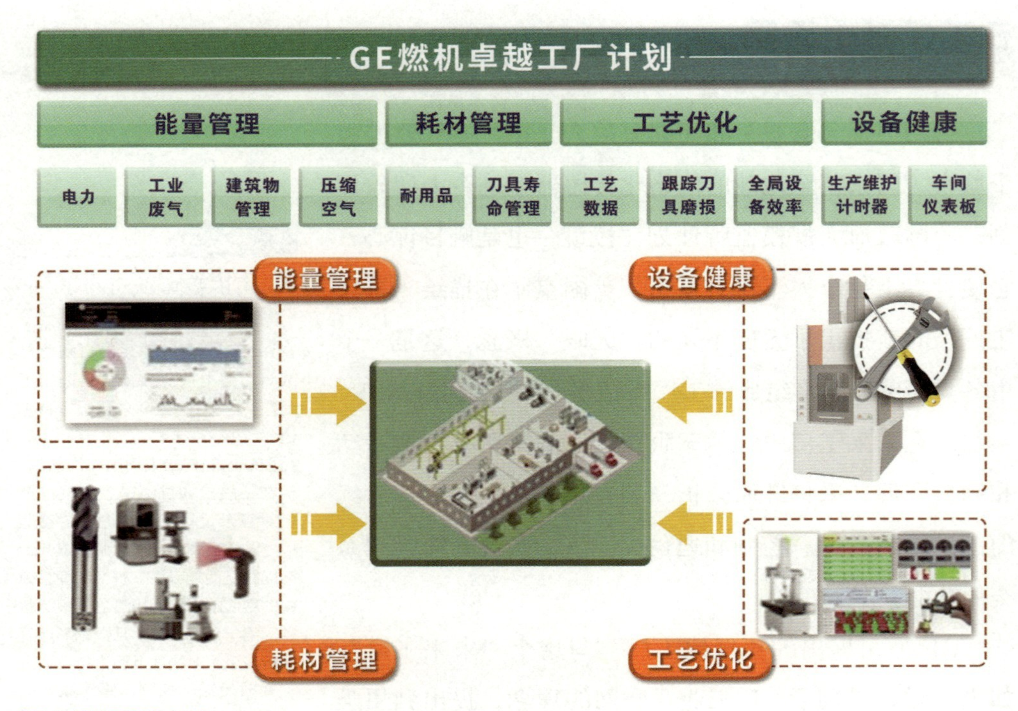

GE“卓越工厂”概念

限数据，现在已经有了各式各样的传感器和测量系统，能够在线采集海量实时数据。传感器的技术越来越先进，从高分辨率摄像头到能够植入结构的微机电系统（MEMS）传感器，测量的物理量越来越多，频率越来越快，精度越来越高，耗电越来越低，而且还能构成无线传感器网络，实现数据融合分析。

对于空间坐标测量来说，室内 GPS 就是这样一套系统，已经用到了波音 787 和 F-35 战斗机等装备的总装中，类似的还有激光跟踪仪、激光扫描仪（相当于自动驾驶汽车中的激光雷达），这些测量设备的制造商鼎鼎大名——尼康、徕卡、蔡司。室内 GPS 技术通常运用于柔性装配工装定位、AGV 导航、部件对接、工业机器人自动引导、全机水平测量以及隐身喷涂等应用。对于隐身飞行器来说，与精密对接同等重要的隐身喷涂采用了室内 GPS 之后，将大大提升机器人的定位精度，确保隐身效果。F-35 战斗机外表面隐身喷涂中，应用了 8 个固定的 IGPS 发射站，每个固定装置内有 2 台红外激光发射器，在工位四周分布有 22 个可移动的 IGPS 发射站，通过红外激光发射站照射整个工位对激光投影设备及其上的光学传感器进行角度交汇定位，每个光传感器具有 360° 的视场，实现对涂层的精密测量控制。

知识链接：

室内 GPS

室内 GPS（IGPS）技术是指利用室内的激光发射装置（基站）不停地向外发射单向的带有位置信息的红外激光，接收器接收到信号后，从中得到发射器与接收器间的 2 个角度值，在已知基站的位置和方位信息后，只要有 2 个以上的基站就可以通过角度交会的方法计算出接收器的三维坐标。其工作原理是：发射器产生 2 个激光平面并在工作区域旋转，每个发射器有特定的旋转频率，转速约为 3000 转 / 分。根据接收器所能接收到的激光，它能够对水平角及垂直角进行测量，通过几个不同发射器的组合，可以计算测量点的三维坐标值。测量 1 个点所需要的最少发射器数量是 2 个，发射器越多，测量越精确。IGPS 测量系统具有多用户测量、测量范围广、抗干扰性好、无需转站测量、可视化程度高、一次标定多次使用等优点。典型的 IGPS 测量系统主要由 3 大部分组成：信号发射、信号接收和信号处理。

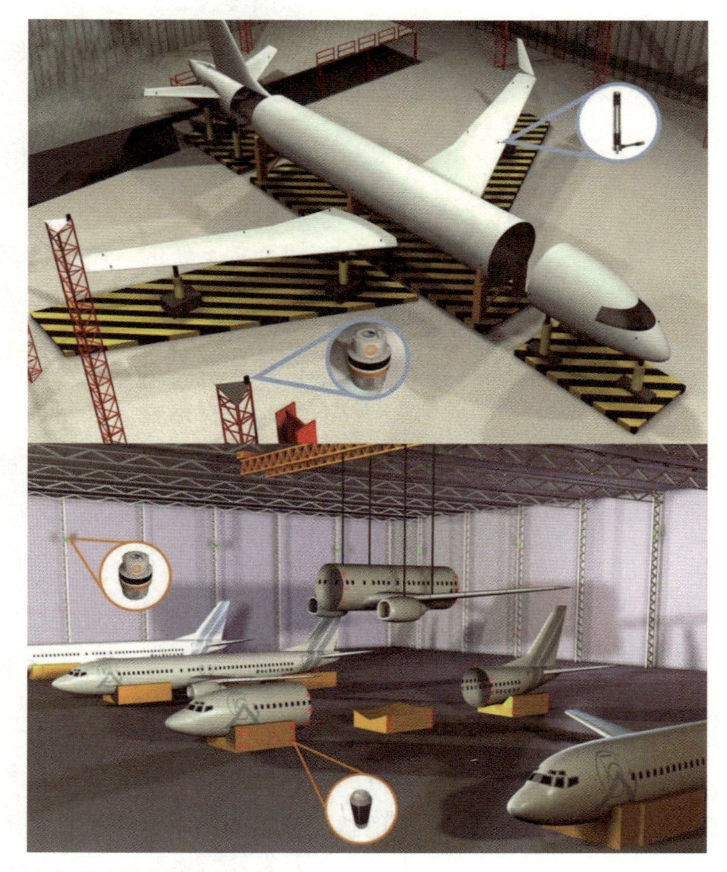

室内 GPS 辅助机体对接

另一种低成本物联网技术是射频识别（RFID），它最先用于美军后勤物资管理，现在已经成为智能工厂的标配。武器装备生产用到的物料品种繁多、价格昂贵且质量要求严格，对这些物料以及在制品的识别、跟踪和实时监控非常重要，运用 RFID 技术可以为它们贴上专属标签实现基于物联网的实时管理。利用 RFID 可以通过跟踪物料在任意时刻的位置与工艺状态来获取每一个产品的历史记录，包括加工时间、产品批次、加工工位号、加工设备号等详细信息，使得产品的生产全过程具有信息可追溯性，为及时分析产品质量问题、改进工艺、分析事故原因等提供强大的决策支持，形成基于 RFID 和人工智能的实时跟踪优化与离线追溯分析系统。

给机床一颗“智能”的芯

赛博物理系统的一个关键基础是遍布传感器的“增强型数控机床”，甚至是智能机床。先进武器装备的特点是零部件形状复杂、精度要求高，这就要求制造设备应具有较好的灵活性、通用性，较高的加工精度和生产效率，数控机床正是为适应这种要求而产生的。虽然数控机床已经发明了70多年，普通机床仍然有巨大的存量，也许很多读者还会对金工实习时使用那种没有保护和屏幕的老式自动车床记忆犹新，未来它们都可能经历数字化乃至智能化改造，安上一颗“智能”的芯。

机床的发展与汽车很类似，从普通机床到数控机床再到增强机床或智能机床的过程，可以先以汽车为例来理解。最早的汽车也是机械式的，什么操作都需要一个机械力传导的过程，现在的油门和刹车基本也还是这样；

知识链接：

RFID 与物料足迹

在一个传统的大工厂中，快速定位一个工件不是大海捞针也是湖底挖宝，射频识别（RFID）技术目前就是实现这个功能的最佳解决方案。RFID 是自动识别技术的一种，通过无线射频方式进行非接触双向数据通信，对记录媒体（电子标签或射频卡）进行读写，从而达到识别目标和数据交换的目的，也是物联网的一项标志性技术。可以通过一个原材料进入加工车间或者零部件进入装配车间的过程，来了解 RFID 对于物料足迹掌握的重要作用。

原材料或零部件发货前，在恰当的位置（如包装箱）贴上 RFID 标签，记录其属性信息，如物料名称、牌号、规格等。接收进厂时，在识别检查点利用像安检设备一样的入口或移动式扫描装置，通过 RFID 阅读器读取到标签内的信息，并将这些信息实时反馈到仓库管理系统中，此时如果运输的物料错误或装错箱，则会发出警报。当物料进入每个工位时，该处的 RFID 阅读器自动读取本工位的物料信息，如果物料配送到错误的地点，则发出警报。操作人员按照相关信息提示进行加工或装配，同时标签自动记录该工位处物料的相关信息，以指导下一工位的操作。如生产中有漏掉的工序，阅读器就会发出警告并通过联网的计算机管理系统将信息发送给工艺人员，这样可以保证在每一个工位上的加工和装配的正确性。

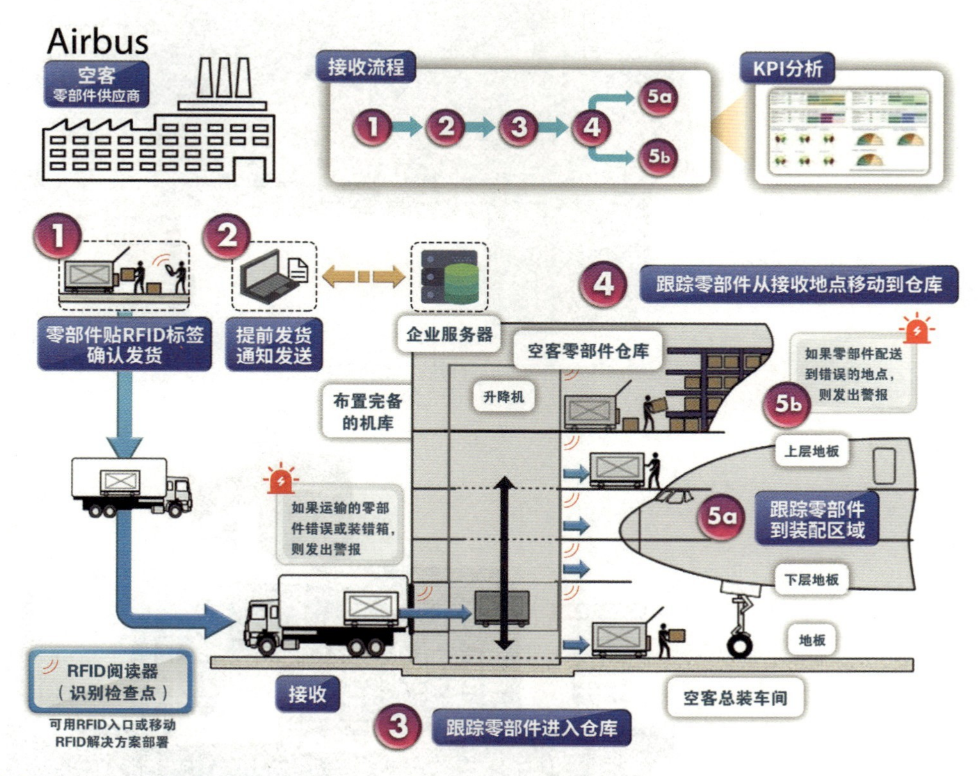

空客利用 RFID 跟踪零部件运输配送

后来，汽车逐步电子化，可以使用数字信号控制，并嵌入了计算机系统，让越来越多的功能都实现了软件定义，很多车还加装了触摸屏，像点火、手刹，以及内饰的灯光、多媒体等许多功能现在都可以通过一个实体或虚拟按钮实现电子操作；现在，汽车上的嵌入式计算机系统愈发朝真正的“大脑”发展，而且更多车上还安装了具备导航、网联、娱乐、安防等功能的车载电脑，或者干脆将这些功能整体嵌入汽车大脑，这使得汽车开始向智能化发展，自动驾驶就是最佳的例子。

机械操作、无保护无屏幕的“老爷”机床

电子操作、有保护有屏幕的“现代”机床

知识链接：

武器装备生产的主力军——数控机床的诞生与成长

非数控时代的机械加工都是通过手工操作普通机床作业的，工人根据经验用手摇动机械刀具，并依靠目测与卡尺等工具测量产品尺寸，不仅精度差、效率低，而且很难准确实现轨迹为3次以上的曲线或曲面运动，如螺旋桨、涡轮叶片之类的空间曲面。利用数字技术进行机械加工，是在20世纪40年代初由美国国防承包商帕森斯公司实现的，他们在制造直升机桨叶时，采用全数字电子计算机对轮廓加工路线进行了数据处理，使加工精度有了较大的提高。

1952年，美国麻省理工学院在空军资助下成功研制出1台三坐标联动数字控制铣床样机，被公认为是第一台数控机床。在此后十多年里，数控系统经历了电子管、晶体管、小规模集成电路的发展，在1970年首次出现了以小型计算机构成的数控系统，这种类型的机床被称为计算机数控(CNC)机床。1974年，美、日等国首先研制出以英特尔等公司开发的微处理器为核心的数控系统，即第五代数控系统。目前，数控机床逐渐发展成为集自动换刀、检测、多种加工方式于一体的复合加工中心。

现在还有专门的技术对普通机床等各类陈旧的机械式设备进行数字化改造，加装数控系统完成电子式升级。普·惠公司就花费3个月的时间，把1台1939年产的“骨灰级”测量设备，加装了计算机和监视器，使其成为1台数字化、网络化设备，现在仍能用于配装F-35战斗机的F135发动机的测量，精度可达到0.0001英寸。

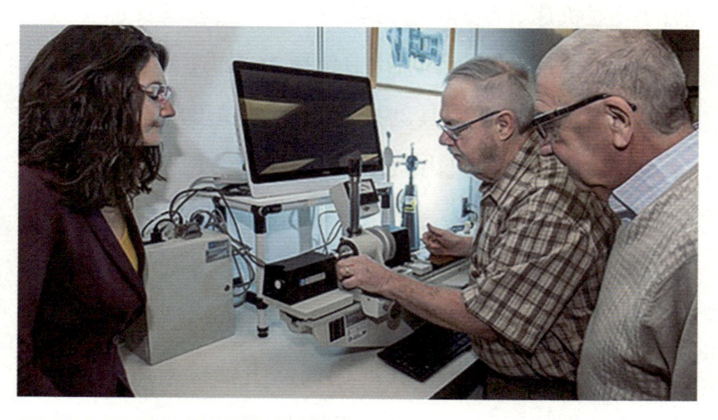

比画面中人物还老的设备焕发了青春

工业4.0时代，具有感知、原位仿真分析、决策、执行功能的智能机床已经出现。智能机床通过开放式网络等先进信息通信技术，能够与其他机床、生产线和产品进行通信、交换数据，从而使自身无缝连入整个赛博物理系统中；智能机床带有控制本机智能的自动化组件，能够获取形成制造信息所需的数据，利用基于知识的分析结果独立或协同做出决策，通过互联反馈回路进行学习和优化。从这个角度讲，智能机床其实就是汽车界的智能网联汽车或自动/无人驾驶汽车。特别地，智能机床还能通过模块化设计，实现即插即用的功能，或者集成更强大的制造能力。

智能机床包括以下关键要素：

（1）智能自动化组件。如各种智能化控制的工件定位和校准系统、机床空间误差补偿系统、刀具磨损检测系统、刀具长度补偿反馈系统、切削管理系统、冷却液输送系统、油雾过滤系统等，这些模块化的组件就像特斯拉汽车那样可以选配、加装或升级。

（2）传感器。智能机床首先必须是一个遍布传感器的增强机床，机床、刀具、产品、工艺以及加工过程相关的数据都会采集到，其中包括力、加速度、声、温度、尺寸、刀具偏差、刀具磨损和表面粗糙度状态等各类实时数据，然后实现机内原位分析或联网云计算。

（3）智能刀具。装有传感器和执行元件的刀具具有自感知、自适应、加工轨迹优化等多种功能，可使机床始终保持在最佳状态，如将传感器嵌入到切削刀齿中，检测材料性能的变化，并通过调整主轴转速适应刀具，以更好地满足不同材料的加工需求。

（4）自适应加工控制软件。通过分析传感器采集的各类数据，可以对来自工件尺寸和不精确的装夹位置等单一偏差进行自动补偿，创建与每个单独的工件几何形状相适配的数控程序（自动编程）；可以全面监测设备效率，进行设备寿命周期管理，如在平均使用率的基础上预测需要强制维护的时间，及时制订维护计划，实现视情维修，就像武器装备的健康管理那样。

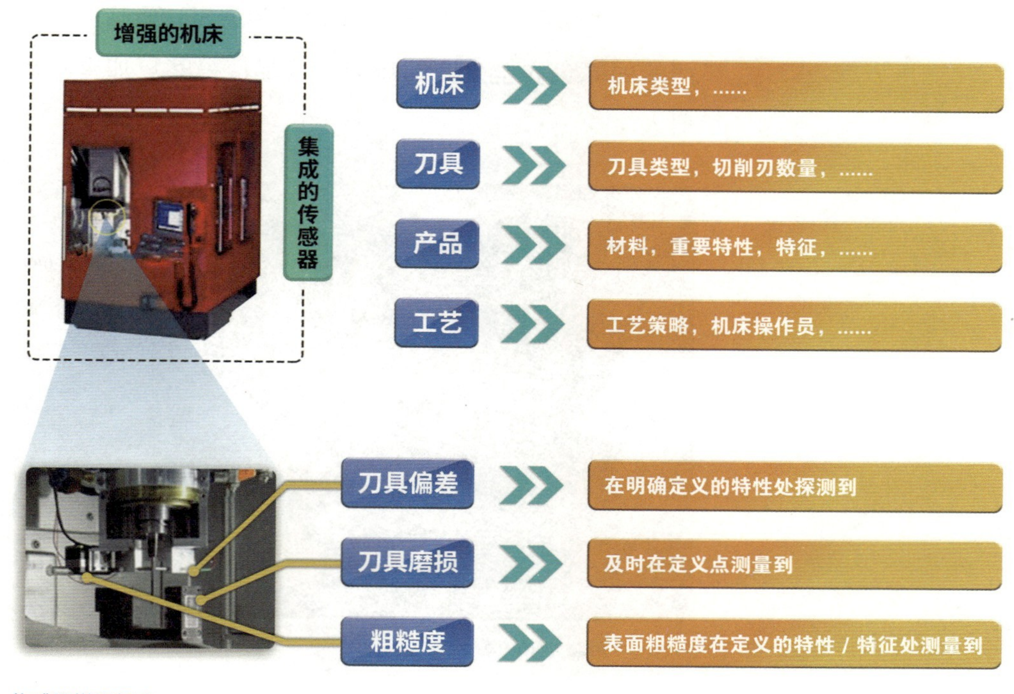

传感器增强机床

让变形金刚搞起生产

如果来自赛博坦星球的变形金刚能成为赛博物理生产系统的一员，生产力水平会有数百倍的提升，因为我们拥有了“神手”——机器人。不过，本节说的机器人都是工业机器人（一般由机械臂和末端执行器组成），而不是服务机器人、军用机器人。目前，军工制造商正在越来越多地采用机器人来替代以往由人类和笨重设备来承担的单调工作和复杂任务，在提高武器装备生产质量、保障人身安全、改善劳动环境、减轻劳动强度、提高生产率、节约原材料、降低生产成本等方面有着显著优势。此外，国防工业特有的高温、高磁、高辐射、有毒有害等作业环境对安全性要求更为突出，面临着更为严峻的绿色安全生产的压力，这都使得其更加青睐机器人。

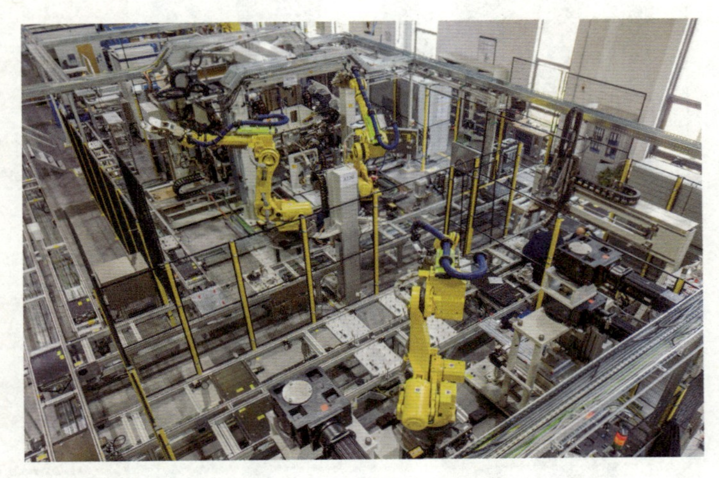

欢迎来自机器人的世界

实际上，国防工业中使用的绝大部分机器人本质上与汽车装配流水线上的传统工业机器人一样，一般是固定在静止基座或轨道上的静止机器人，与人类用安全围栏严格隔离，启动状态下两者不发生任何接触，也不能自由移动或与人类协作。新闻中可能会说特斯拉生产线上有大量的智能机器人，其实那些可能根本就不“智能”，它们甚至不能自由移动。很多宣称“机器换人”建设了智能工厂的企业，几乎都是用的这种机器人，可能只是实现了自动化而已，离智能化、自主化还很远。

随着机器人和人工智能技术的不断发展，这一应用模式将发生革命性变化，逐步变为可以在特定范围自主移动的机器人，与人类在同一工作区域同时开展工作，两者之间很自然地发生接触（注意：以往传统工业机器人“接触”人一般意味着伤亡！）。就像变形金刚，如果它想举起一个人，你会发现它们的手在碰到人类前会完美地减速并停止，抓起人的时候“力道”也是十分合适。现在大量运用在汽车等行业的传统工业机器人是很难做到这一点的，要想使协作机器人成为像《变形金刚》中汽车人那样的自主生命体和人类好伙伴，还有很长的路要走。

美国国防部认为下一代机器人就是这种自主式协作机器人，它们的重要特征就是能像工友一样与其他机器人或人类在一起工作，无需围栏的防护。具备更高级功能的自主式协作机器人还可以通过观察操作演示来学习并调整其功能，敏捷地变换用途，任务适应性的提升将使军工制造商以高生产率的柔性机器人系统，应对多品种、小批量生产。这种机器人往往能自由行走和自主执行任务，很像一台智能军用机器人。

协作环境为协作机器人开发和应用带来全新挑战。协作机器人与人类和其他机器发生接触是难免的，因此

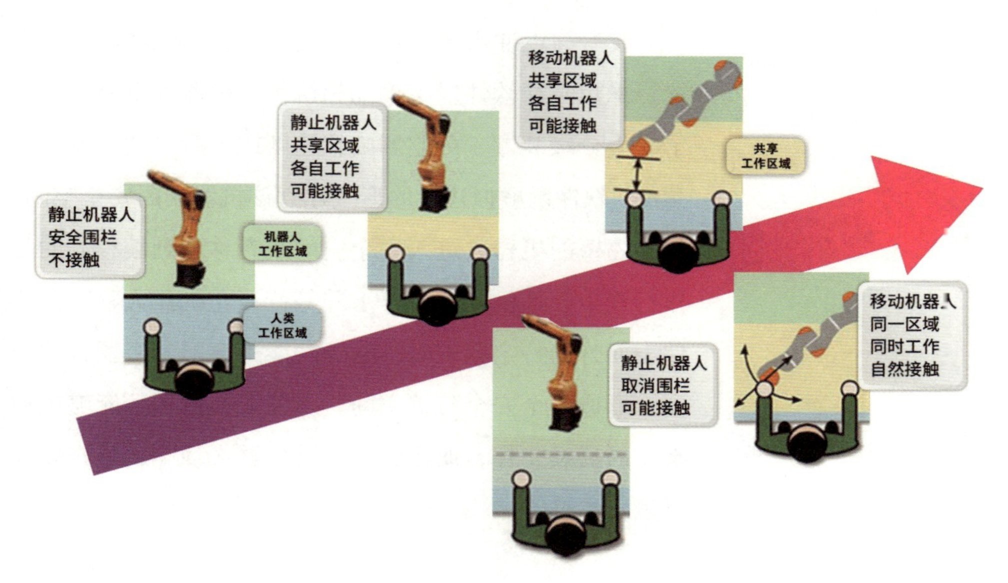

从传统机器人到协作机器人

机器人必须设计得足够安全，具备识别潜在物理接触以及计划规避行动的能力，从而快速响应其路径规划，自主移动，并且在预定路线上能够敏捷地规避障碍。除了先进的自适应控制技术外，随着机器人自由度的增加，编程变得越发复杂和费力，将人工智能（自适应学习、推理等）装入机器人使其成为拥有认知能力的计算密集型设备也是一个主要挑战。

你好，机器人工友

波音与电冲击公司合作开发的多机器人协同装配系统，采用防撞软件以支撑互相协作：机器人电机上安装了安全分级装置，可监测旋转速度或检测位置、方向和角度，软件以虚拟边界的形式建立该机器人的安全空间，如果隔壁的机器人进入安全空间或者移动到编程好的工作行程中，该机器人将停下并等待；在机器人移动到部件表面外的特定区域时，防撞功能还会限制机器人的速度，形成一个安全防护空间，以便人类机械师能够完成必要的后续工作，而不必担心被机器人撞飞，这在以往可是发生过的！

并肩战斗的机器人兄弟

知识链接：

协作机器人的安全性

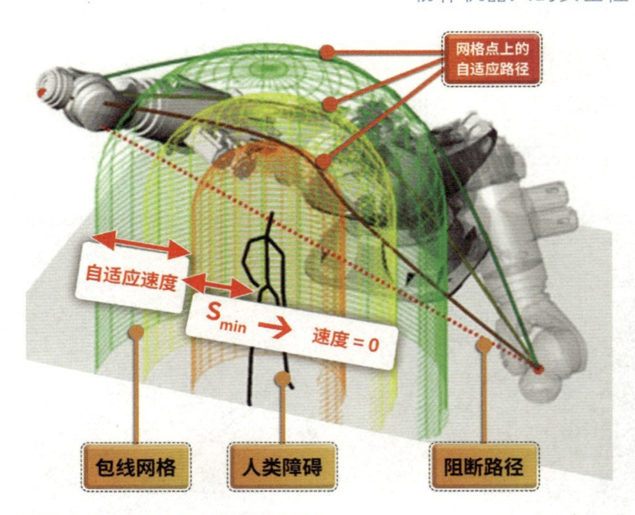

以人为中心的动态安全包线网格

安全其实是人类应用协作机器人最大的障碍，因为协作机器人与工人在同一个自由空间内工作，谁也不想被机器人“一巴掌拍死”。英国谢菲尔德大学波音先进制造研究中心（AMRC）针对协作机器人安全性制定了一套标准，以帮助企业将其安全地集成到工厂车间，提高加工效率以及产品质量一致性。德国布伦瑞克工业大学研究利用机器学习增强的数字孪生方法来研究人－机协作中的安全环境，建立以人为中心的动态安全包线网格，通过机器学习让协作机器人绕过工作空间中的障碍物或人类。

欧盟投资的航空项目利用协作机器人执行了“装配过程中的自动化与人协作”研究，包括 4 项任务：人机交互概念、在共享相同装配任务的人附近放置机器人、基于微软 XBOX 游戏机的体感配件 Kinect 视觉系统验证安全区域的动态安排、可移动安全区域的分配方案。项目开发了人机交互轴上的力 / 扭矩传感器、接近传感器、机器人速度限制参数、集成激光扫描设备的反馈技术、集成多摄像头系统的视觉技术、集成视觉系统的动态路径规划技术、可对工作环境和操作人员行动进行建模并理解场景的洞察技术。这些技术将在提升自动化水平的同时确保协作安全性，降低 30% 的成本。

“键盘侠”如何运筹帷幄

电影里那些酷酷的“键盘侠”——黑客，靠一部笔记本电脑就成为拯救世界的英雄，极客们在平板电脑上划一划就能控制一个机器人 / 无人机军队，机械师们通过全息空气显示屏操纵整个飞船并检修各个系统，司令官们戴上一个脑机接口头盔就能指挥太空舰队与外星人作战。那么，工厂能不能有这样一群“键盘侠”，在一台平板上运筹帷幄，完成对整个工厂的监视、侦察、指挥、控制，解决所有问题？赛博物理系统本身其实就提供了实现这个的条件。首先，智能机床和先进机器人这些设备已经足够“听话”且“心灵手巧”；然后，制造设备和单元都联网在线，实时采集加工状态和设备状态数据。

一个工厂要想变得智能，无疑首先是能够采集大量

波音工厂中听话且心灵手巧的庞然大物

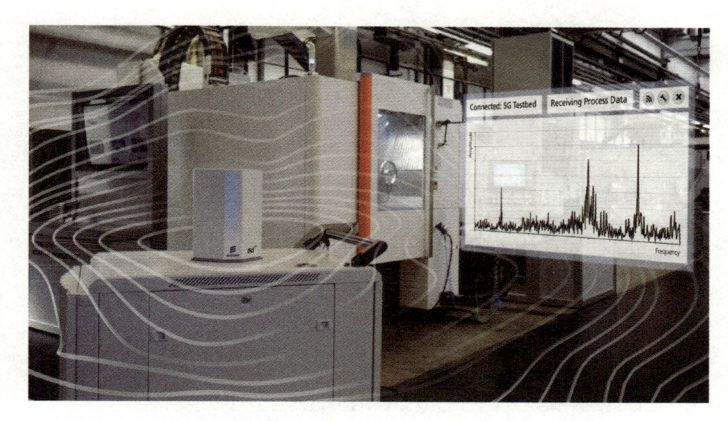

传感器通过 5G 以低于毫秒的延迟将振动频谱传输到软件

的数据进行分析，从动态感知开始，逐步走上“数据—信息—知识—智慧”金字塔。随着工厂中传感器变得无处不在且大量使用无线网络，数据量激增而且要求实时处理，这就对通信网络提出了很高的要求。例如，对于航空发动机涡轮整体叶盘叶片加工过程中，实时监测高频振动这样每秒可产生大量数据的过程，现在工厂中普遍部署的无线网（如 WiFi5）可能就无法满足其要求。5G 通信是解决方案之一，它具备高速率 / 吞吐量、超高可靠性以及超低时延的网络传输能力，从而使得通过无线网络连接实现闭环控制成为可能。基于 5G 通信的新型解决方案，让赛博和物理两个世界以及设备之间的连接能力和效率显著增强。此外，武器装备复杂的供应链物料跟踪，需要从仓库管理到物流配送的广覆盖、深覆盖、低功耗、大连接、低成本的网络技术，5G 通信能够很好地满足这类需求。

5G 还能让智能工厂具备传统工厂网络连接可能无法实现的生产、管理、维护新范式。

（1）让生产更加柔性。一条生产线灵活地干几个甚至几十、几百个型号的产品，一直以来都是零部件制造商希望实现的，这既意味着模块化的产品设计和通用化的工装模具，也催生了对网络连接的需求。在遍布机器人的工厂内，柔性生产对工业机器人的灵活移动性和多样化操作能力有很高的要求。5G 在减少设备与设备之间布设线缆成本的同时，利用高可靠性网络的连续覆盖，使协作机器人或自动导向车在移动过程中活动区域不受限，能够按需到达各个地点，在各种场景中进行不间断工作以及工作内容的平滑切换。

能效管理是未来绿色制造之必需

（2）让工厂管理自己。在未来智能工厂生产环节中涉及物流、给料和仓储等方案的判断与决策，不计其数的精密无线传感器，在极短时间内进行数据采集并通过 5G 网络传输到云端形成工业级大数据，工业机器人或智能机床等设备结合云计算的高性能计算能力进行自主学习和精确判断，给出最佳解决方案。在一些特定场景下，借助 5G 连接，机器与机器之间直接通信，进一步降低了应用端到端的时延，可用来更好地监视和管理工业系统。如 5G 用于能效分析，及时发现能效的波动和异常，在保证正常生产的前提下，相应地对相关环节的流程、设备、人员进行调整，实现工厂整体能效的大幅提升。

（3）让维护模式升级。大型企业的生产中，经常涉及跨工厂、跨地域设备维护，远程问题定位等应用场景，5G 带来的万物互联和信息交互，使得未来智能工厂的维护工作可以突破工厂边界，提升运行、维护效率，降低成本。未来，工厂维护工作按照复杂程度，可根据实际情况由工业机器人或者人机协作完成。5G 使得在需要多人协作排故的情况下，即使相隔了几大洲的不同专家，也可以各自通过虚拟现实和远程触觉感知设备，第一时间“聚集”在各故障现场。类似的 5G 远程手术已经在中国成功实现。同时，借助万物互联，人和工业机器人、产品和物料全都被直接连接到各类相关的知识和经验数据库，在故障诊断时，人机都可以参考海量的经验和专业知识，提高问题定位精度。

自我知晓、联网交互的设备

打造未来工厂

社会思想家阿尔文·托夫勒有句名言："人类从事战争的方式反映了他们的生产方式。"机械化战争作为工业时代战争的基本形态，深刻体现了工业社会的时代特点；信息化战争作为信息时代的产物，也是信息技术革命后生产力水平、生产方式在战争领域的客观反映。工业 4.0 时代，当数字化、网络化、信息化和自动化进一步升级并且智能制造模式在工业界得到普及时，智能化战争也就离我们不远了。智能化将提高基于网络信息体系的联合作战能力、全域作战能力，而智能化对于跨地域乃至跨国界的现代化装备制造同样重要，当然这个智能化不能只是人工智能。

像 F-35 这样的武器装备，从进行军力规划到提出装备需求经过了大量论证，从形成总体方案到成熟关键技术，再到工程研制和制造开发，到低速生产和维修保障，十几个国家、上千家企业、数十万人参与，百万量级的工艺装备、工装模具以及各类仪器设备，可能同时有上千万的零部件、标准件、元器件在不同的制造环节中，而且还要兼顾其他项目的更多零部件的生产，这是一个跨组织、跨领域、高度协同的复杂行动（operation）。可以说，这就是一场没有硝烟、多方联合的作战（operation）。未来支撑这一复杂行动的就是智能制造模式，以及集成了数字工程技术、赛博物理生产系统技术、智能人工增强技术等先进技术的集成智能制造体系，这是个典型的复杂组织体系。

美国国防部《项目经理国防制造管理指南》中专门有一章节讨论"未来工厂"，这是集成智能制造体系的

庞大项目的背后是全球制造体系

最小概念范围。在未来工厂中，包括机器人和自主化设备、柔性机床和制造单元、自学习机床等未来的机器设备在内，工厂中的各种要素以兼容的通信接口和协议相连接，各种应用软件移动到了云端。工厂中有很多能力将是柔性的、模块化的，靠即插即用的设备来随时增添新功能，这就对互操作性提出了很高要求。未来工厂能够持续适应急速变化且越发复杂的作战需求，能够快速转化新技术和创新的工艺，以小批量生产各种定制产品，利用规模化生产的效率和定制化制造的柔性，同时通过数字线索不断获取信息，实现分布式的工厂运行，对作战需求做出快速响应。国防部还特别强调，由于技术或许是国防制造管理中变化最快的领域，因此这是一个采办项目经理需要靠自身努力跟上时代步伐的领域。波音的一项“机身全自动化制造工厂”专利，通过无工装工厂和可移动智能的概念，集中展示了国防部的未来工厂理念。车间集成了无线通信系统、运动控制系统和智能动力单元，可以动态感知制造环境并由中央控制台分析任务情况，向各类机器设备和柔性工装进行实时反馈，使机器和机器之间实现自主配合。车间地板以 RFID 标识出若干装配单元，可移动的托架工装、龙门架起重机、钻铆机器人都是可用人工智能编程的，平时存放在等候区。中央控制台基于生产速度和订单分派任务，通过运送工装设备的自动导向车（AGV）控制工作时间，AGV 可自主地根据任务在等候区和各单元之间搬运机器人和工装。AGV 上的工装设备、机器人或零部件可以自动彼此对齐和对准。这些无人设备之间的配合，很像去中心化的集群作战。

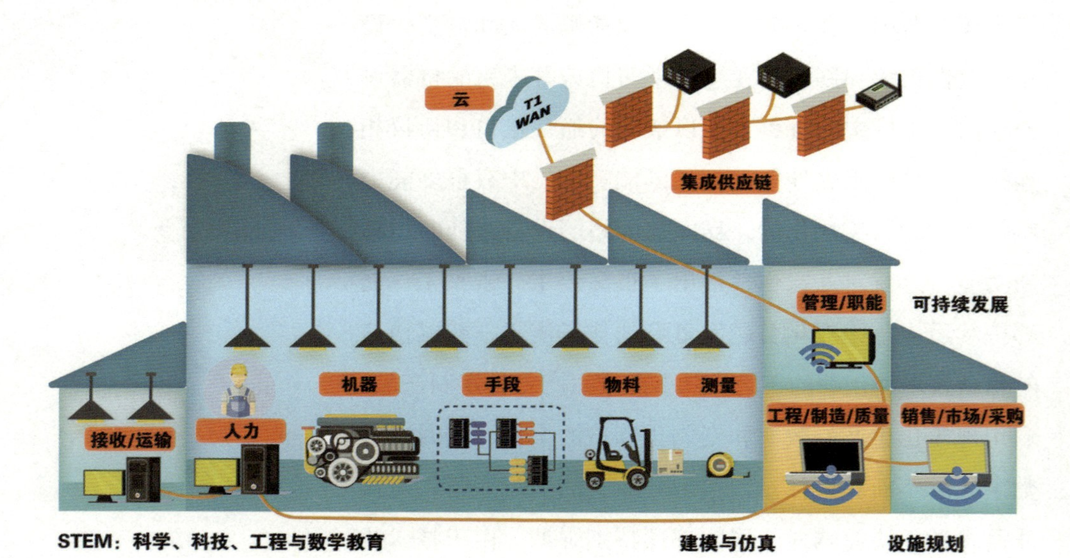

未来工厂的要素

知识链接：

集成智能制造体系架构

就像复杂装备体系必须通过体系架构方法进行设计一样，集成智能制造体系也必须通过体系架构方法设计。智能制造涉及多企业、多领域、多地域的信息集成、应用集成和价值集成。构建集成智能制造体系需要打造智能制造标准体系，这首先需要建立智能制造参考架构模型，并且统一其语义（术语定义）。智能制造参考架构是发展智能制造的基础，就像政府参考架构是美军搞开放式系统架构的基础，这一点对于集成智能制造体系来说至关重要，在今后实现联合作战的时候也是关键。

智能制造参考架构是对智能制造内的元素及元素间关系的一种映射，是智能制造的抽象模式，是一个通用的对象描述模型，定义了集成智能制造体系的基本概念和属性，描述了在其环境中的所有元素、彼此关系以及其设计和演进的规则。智能制造参考架构作为基础标准，为智能制造相关技术系统的构建、开发、集成和运行提供了一个框架，用于指导智能制造单元、生产线、车间、工厂、企业联盟乃至整个价值链的总体架构设计。智能制造参考架构将作为智能制造相关标准的需求分析依据，推进智能制造综合标准化工作，加速智能制造综合标准体系的建设。通过建立智能制造参考架构，可以将现有标准（如工程建模、工业通信、信息安全等）以及拟制定的新标准（如语义描述、大数据、工业互联网等）一起纳入一个新的全局制造参考体系。

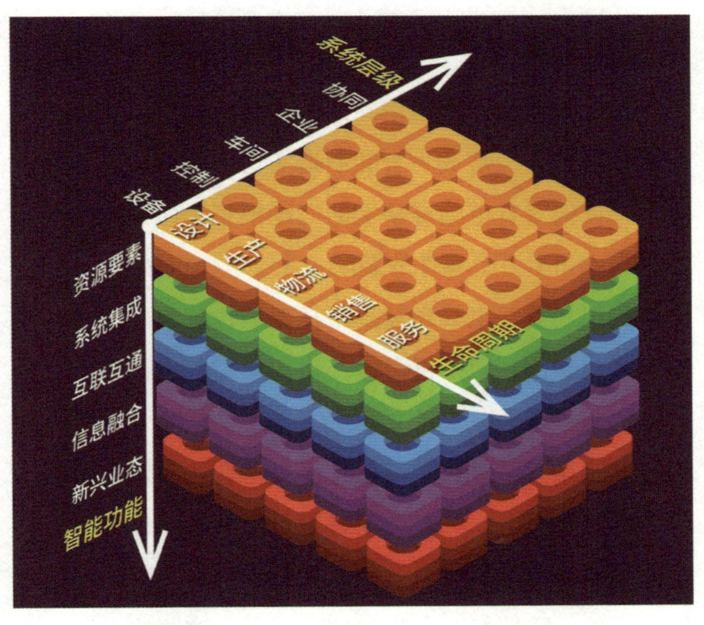

我国智能制造参考架构

2.3 智能人工增强技术
—— AI 迈不过的障碍

人是智能制造转型之路的核心智力资产，然而十分尴尬的是，人经常成为智能制造实现的瓶颈。设计师再厉害，让他对着电脑屏幕上的三维模型全面掌握一个装备的构成和上万个零件的装配关系，难！机械师再厉害，让他牢记几百条电线和数千个托架的位置和走向并零差错安装，难！修理师再厉害，让他像扁鹊一样给上百台机床把脉提前预知每台的故障，难！以 VR 和 AR 为代表的智能人工增强技术，就是将人与智能制造有机联系起来的重要通道，将人类无缝融入两个系统，增强人类获取和利用信息的能力，从而提升理解复杂事物、处理复杂任务、掌控复杂态势的独特能力。这些技术源自军事并早就运用在军工领域，近年来因支撑技术快速进步和关键设备大幅降价，已经扩展到了各行各业，甚至普通消费者就可以拥有最初级的体验。

沉浸在元宇宙

当前大热的“元宇宙”概念是基于虚拟现实（VR）技术提出的。VR 就是这样一项已经便宜到可以面向大众应用的技术，相信大部分读者都已经体验过那种沉浸在虚拟世界的感受了。通过一个集成的头盔显示器（HMD）或者洞穴式自动虚拟环境（CAVE）系统，人们可以沉浸到一个由计算机系统所创造的虚拟环境中，与之发生交互，并得到与实际的物理世界参与所能获得的相同或相似的感受。

就像打游戏、看电影，以前是 2D 的，后来是 3D 的，“D”越多越刺激。3D 游戏和电影都是让人觉得屏幕里面的世界伸了出来，然而人们更希望进入屏幕内的世界，获得更加真实的体验感。3D 眼镜是最简单的 VR 辅助设备，然而一般它都只面向一块屏幕；CAVE 系统通过使用 3~5 块屏幕，将高分辨率的立体投影技术、3D 计算机图形技术和音响技术等有机地结合在一起，产生一个完全沉浸式的虚拟环境，环幕影院就是一种类似 CAVE 的沉浸式显示系统，相连接的屏幕可以大幅扩展虚拟视野；HMD 现在最火热，VR 眼镜几乎实现了无死角的虚拟世界，游戏厅里都在使用。

根据显示系统的不同，工业界的 VR 应用也是这几种形式：桌面显示器、单幕墙、跨屏幕全息试验台、多幕墙 CAVE 等，都是通过一个强化的 3D 眼镜提供沉浸式体验；不过，VR 眼镜的应用似乎没有那么火热，因为工程师不仅需要和环境交互，还要和其他人进行互动，大家都看一块或几块大屏幕的方式目前更便捷。

虚拟现实技术很早就进入了军工领域，波音、空客、洛·马和诺·格等军工巨头也都拥有不止一个 VR 实验室，2007 年，洛·马公司还收购了好莱坞合作商 3D 解决方案公司（曾为詹姆斯·卡梅隆电影制作 3D 模型）以更好地利用 VR 技术。就像飞行、作战或者地勤训练一样，工程人员肯定不满足只盯着电脑屏幕操作，不满足只有前方一个屏幕能看到周围环境与操作对象，不满足在局促的空间内与队友互动。他们希望 360° 无死角地感受真实环境，并且可以看到队友的真实或虚拟的动作，从

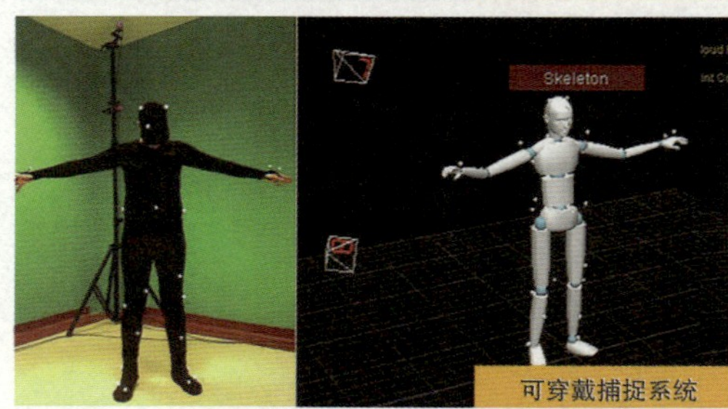

空客几种基于屏幕的工业界 VR 应用

而与其配合完成任务。有了这些能力，VR 技术就会极大地增强人类理解复杂系统和过程的能力。

VR 技术在工业界中主要用于虚拟工程、虚拟建造和虚拟服务这三大领域。

（1）虚拟工程方面。在设计阶段早期，通过 VR 的海量数据可视化以及可入性、可达性、可见性仿真，相关人员可以利用数字样机以更直观的方式，对组件进行灵活的直接评价，确保得到最佳的产品设计。如果想深入分析一个复杂结构，只是在工位上对着 20 多英寸的电脑屏幕看三维模型，用鼠标拖来拖去移动、放大，效果一定不佳；如果在一个几百英寸的环幕内，像科幻电影中那样手一挥，复杂结构就可以“爆炸”并放大你最感兴趣的部分到眼前，那么就可以特别清晰地观察其特征，让大伙一起分析这个设计有没有问题。

用 CAVE 系统研究 A380 飞机的内部结构效果更好

VR 可使相关人员增强多学科沟通，提早发现并消灭问题。对于设计人员来说，可以很大程度上将设计想法可视化，方便交流；对于工程人员，可以更好地分析、理解和优化复杂系统和过程；对于市场和销售人员，也可以通过可视化来推销和售卖产品（国内宝马 4S 店就部署了航空工业为其开发的 VR 选车系统，坐在那里动动手就可以体验各种不同配置和内饰）；对于管理人员，可以快速掌握问题、做出决策，降低风险和成本。

（2）虚拟建造方面。在物理样机生成前后，可以通过 VR 定义并确认机械手或人因工程的操作，仿真并确认制造和装配的运动学过程，培训制造与装配工艺并且控制工人操作的安全性。

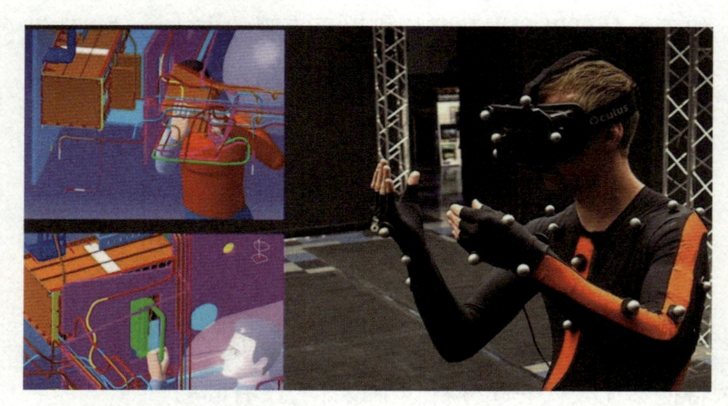

洛 · 马公司人员在虚拟世界培训操作

（3）虚拟服务方面。在早期定义并确认机械手或人因工程的操作，仿真并确认运动学过程，从而虚拟地确认并培训拆解、维修和组装程序。与虚拟建造相似，两者都可以通过 VR 系统，在实际操作前检查操作程序是不是存在各种未考虑周到的问题，如人手够不到、工具进不去，并且像打游戏一样学习和反复练习各种操作，增强大脑和肌肉的记忆。

增强的前世今生

与 VR 同步，增强现实（AR）技术也在大众领域迅速普及，前些年大火的游戏《宝可梦 Go》以及拍照或短视频 APP 中的各种特效，其实都算是 AR 的一种表现形式。增强现实通过在真实世界中放置虚拟对象，在用户环境中实时集成数字信息，与虚拟现实完全创造一个人造环境不同，AR 使用现有环境并在其上叠加新信息，将用户周边环境转为一个数字化界面，甚至可以用手去操作这些对象。与 VR 完全基于仿真世界不同，AR 植根于真实世界，并与数字世界无缝集成。增强现实“增强”的其实是人类获取信息和利用知识的能力，如对复杂过程的自然、动态、分步可视化，可以减少培训时间和操作错误，并使人类更好地理解和执行任务。与工业互联网、智能可穿戴和移动设备相结合，AR 能够使操作人员更好地融于智能制造环境，发挥其“核心智力资产”的作用。

用 AR 看到不一样的世界

飞机屏显应该是最早的 AR 应用之一

AR 最早与军工结缘，起始于 1972 年法国试飞员开发并测试军转民用的平视显示器（HUD），该系统可使飞行员看向风挡时从视野内直接访问相关信息，从而在驾驶飞机时不离开视线焦点就可以收集外部环境信息。在空战中，飞行员难以在内部仪表和外部视景间切换，这一基于 AR 原理的系统就为此开发，它同样可以为商业应用带来便利。现在，一些高级轿车上也已经有了类似的功能。

在透明屏幕上显示数字信息是 AR 显示系统的一种形式，其他形式还有诸如在显示摄像头拍摄内容的手机或平板屏幕上叠加数字信息，在产品上直接投射光学信息，以及现在工业界最热门的 AR 眼镜。随着随身电子产品运算能力的提升以及消费级技术成熟带来的成本降低，AR 技术在工业界中的用途将越来越广。波音就曾表示，像 AR 这样的信息技术进步使企业的信息化部门可以深入制造环节并且以一种从未有过的方式真正推动业务支持和创新。

波音公司深有体会是肯定的，“增强现实”的英文词其实是波音公司在 1990 年研制波音 777 飞机时创造的。当时，培训安装电线是在大块胶合板上，每架飞机都有单独设计的作业指导书，需要使用昂贵的示意图和标记设备来指导车间工人操作，工人要一边查看作业指导书一边手动进行绕线安装工作。波音研究团队受命开发一种替代方法，他们认为可以提供一种可透视的显示解决方案，按现有线路设计出一个虚拟的叠加线路，指导安装工人在所需位置绕线，波音 777 的全数字化设计正好可以为该方法提供支持。于是，他们创造了一个头戴式设备，通过高技术眼镜显示飞机的详细线路图，并且将之投影到可重用的多用途板上。在制造过程的每一步中，不用再手动重新配置每块胶合板，定制的布线指导书将由工人穿在身上，通过计算机系统快速和高效改变。

之后，波音、洛·马、空客、GE 等巨头基于日趋成熟的 AR 技术不断开发各类 AR 设备和系统，AR 在军工产品制造中的应用前景也日渐鲜明，空客甚至已经开始在其供应链内销售自己开发的 AR 系统。军工制造业青睐 AR 技术是因为它需要大量的技巧型知识，并且非常依赖基于人的工艺。随着军工产品日渐复杂，设计和培训过程变得越来越短。在这个竞争激烈的环境中，利用可用的大数据实现更简便、更快速和更安全的操作，从而节省时间、成本和能耗，将是一个关键的制胜因素。对于需要最高质量标准的军工产品制造和维护来说，

AR 是少数能够开启业界新视角的解决方案之一。移动、轻量、廉价的 AR 技术将使工人连接并访问相关的大数据，按需访问相关的数字化内容以执行日常工作。

零培训的生产和维修操作指日可待

知识链接：

AR 系统的组成

AR 系统一般包括三个主要组成部分：收集用户附近环境的传感器——背景认知；计算输入输出数据的方法——数据集成；将信息带到用户并最终实现交互的界面——数据通信。这个系统本身功能的运行过程实际上就是动态感知、实时分析、科学决策、精准执行——一个能够反映智能制造核心特征的过程。可以说，AR 系统是智能制造的有机组成部分，两者是无缝集成的，AR 系统采集的数据被自身处理为可视化的信息，再形成工人可以迅速掌握的知识，从而更好地利用他的智慧来从事工作，这个交互过程本身也是智能制造本质——“数据—信息—知识—智慧”的生动体现。

以空客公司开发的“月亮”（以装配为导向授权增强现实）AR 系统为例，它包含了定位子系统、3D 处理子系统、信息集成子系统，将虚拟世界的输入（如数字样机、数据格式标准）和真实世界的输入（如实时视频图像、位置校准），转换为增强现实的输出（如投射在产品表面的数字作业指导书），摄像头捕捉到一个新的任务位置，作业指导书就同步更新，指导工人一步步进行复杂操作。

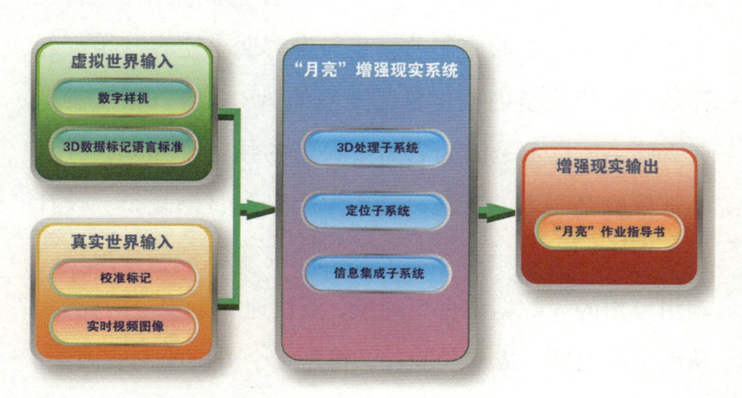

“月亮”AR 系统的功能架构

第 3 章

践行无止尽

—— 就拼多快好省

当今全球广泛应用的很多智能制造技术都是美军科研机构通过招标或者直接负责开发出来的，让美军和军工制造商同时受益。欧洲则是大联合，英、法、德、意、西、瑞、荷这些工业强国通过欧盟或者国家机构，实现军民两用智能制造技术的共同开发应用，惠及欧盟各国及其军工制造商。美欧持续投入建立智能制造模式，是希望收获更多的投资效益、更快的能力交付速度、更好的产品质量、更低的全寿命成本。本章在智能研发、智能生产、智能保障环节总结并选择了美欧的一些实践，让读者加深对智能制造模式重要作用的理解。

3.1 智能研发

——赢在起跑线

强大的研发能力是国防科技创新的基础，也是确保装备性能、成本和进度满足作战需求的首要环节。一般来说，装备在研发时做出的决策将锁定其成本甚至寿命周期成本的65%~70%，一旦进入生产，工装模具制造出来，再去更改设计就会极为昂贵且费时。F-35项目的研制试验与低速批产并行，就在前期让项目困扰不已，令众多人质疑其6500万美元的原始目标成本是否能达到。多快好省，是一切用户和供应商都想要的，然而这并不简单。不过，现在有众多数字化、智能化技术可以促进装备的创新和研发，让我们赢在起跑线。这一节列举了三个领域的案例：一是美国国防部开发的基于高性能计算的建模仿真系统，支持海量装备方案的快速生成；二是美国国防高级研究计划局运载器自适应制造计划，旨在颠覆现有的武器装备研发模式；三是提升人类理解复杂事物和团队协作能力的虚拟现实技术，更高效地实现更好的设计。

装备方案万里挑一

美国国防部于2008年在“高性能计算现代化计划”（HPCMP）下启动了“计算研究和工程采办工具与环境”（CREATE，英文含义为“创造”）项目，集结了美国军方机构、大学很多计算领域的专家，每年投入3600万美元，历时十几年开发和部署了基于物理特性的高性能计算（也就是我们所说的超算）软件产品。这些软件工具通过高逼真度数字模型的构建和改进，能够实现飞行器、舰船、地面车辆和射频天线系统的全尺寸虚拟样机整机建模和仿真。不同于早期虚拟样机技术仿真分析能力有限，主要用于研究武器系统几何结构，“创造”项目开发的软件工具与超级计算机相配合，能够快速生成数以万计的大型复杂武器系统设计方案，并从中筛选出可行方案，而且能够准确预测武器系统的各项性能，其准确度之高甚至能够取代一些以往规定必须进行的物理样机试验。

“创造”项目共分为6个子项目，分别是飞行器、舰船、射频天线、地面车辆、网格和几何，以及连接高性能计算能力的门户网站。目前，该项目开发并部署了十几种基于物理特性的软件工具，美军各军种、国防机构、国防工业部门以及大学等有超过200个组织正在使用它。这些软件工具将不断更新版本，直到2040年进行换代。近些年，工业软件的话题热度已经追赶上芯片，这是另一个必须要自主可控的地方，美国国防部就是在这个领域真金白银地“集中力量办大事”，亲自上阵开发全球最高端的工业软件。

“创造”的应用，将美军装备传统上“设计—实物

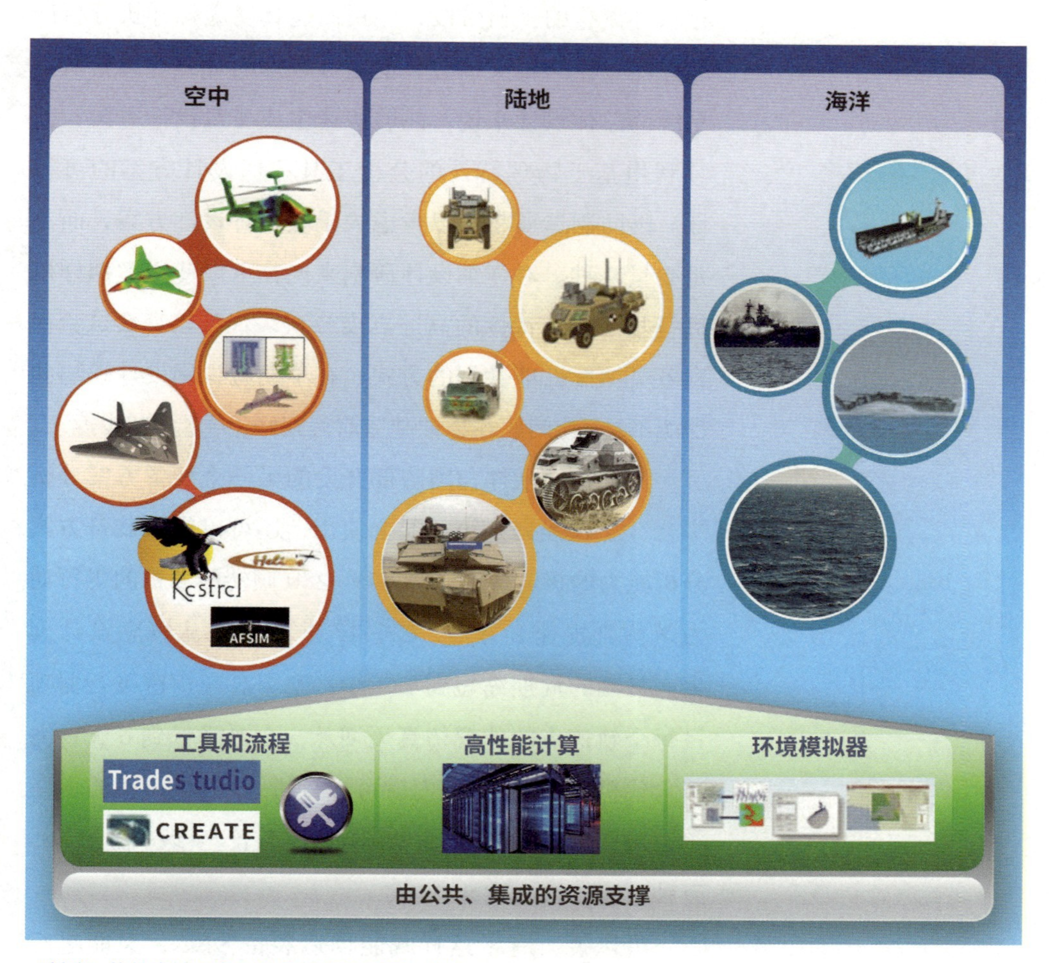

“创造”软件支持陆海空装备在数字空间的创造

试验—迭代”的研制过程，转变为“设计—仿真分析—迭代”的新范式。就像“五年高考，三年模拟”一样，谁都想在仿真环境下多练习、找漏洞，以便在真实环境下少出错、一次过。使用“创造”工具，工程人员可以在采办流程的任何阶段，利用高逼真度虚拟样机分析产品性能，作为真实试验、使用等数据的补充。对新装备系统的总体设计来说，能够快速生成海量设计方案，并且利用基于物理特性的分析工具评估设计方案的可行性。国防制造商将可以考虑成千上万种设计方案，而不是少量几种。对详细设计研制来说，可以使用虚拟样机进行基于物理特性的高逼真度分析，代替以真实试验得到各类实际性能数据的方式，在早期就识别设计缺陷和性能不足，让问题在物理制造前得到修正，尽量减少返工。

“创造”软件与国防部开发的另一个装备方案分析平台“工程强韧系统”配合使用，还可以带来装备方案分析能力的极速提升。陆军 V-280 倾转旋翼机的飞行动力学仿真提速 2 万倍，CH-47-F 直升机从概念设计到生产启动的周期缩短到 1 年半；空军高超声速飞行器项目每个轨迹点的建模仿真周期从 6 个月降低到 6 天；海军六代机项目 70 分钟内就可以分析 32 万架飞机的方案（以前 1 周只能分析 9000 架），而且至少分析了 500 万种可能的概念设计！

可以说，有了这样既能创造装备 DNA，又能进行筛选择优，还能提前诊断缺陷的武器系统高逼真度虚拟样机建模和分析工具，新一代战斗机、武装直升机、舰船、潜艇、坦克装甲车辆等武器系统的研制能够顺利很多，投入的资金、时间将变得可控，装备性能也能得到保障。也许不久的未来，随着超级计算机计算能力的不断提高和虚拟样机软件工具的不断完善，武器系统的研制过程真的能够像人们所期待的那样，所想即所见，只需虚拟样机模型的构建和分析就足够得到满意的设计方案。那时，战斗机可能真就是“五年交付、三年研发”了。

知识链接：

工程强韧系统

“创造”工具就像 APP，需要集成在一个系统中发挥其最大效力。美军《数字工程战略》文件中，一个引人注目的标签就是“工程强韧系统”（ERS），海军利用 ERS 平台开发了超过 1900 万种舰船设计，使用成本与能力权衡分析以确定未来水面战斗舰的经济可承受的能力空间。ERS 计划是美军 2010 年启动的 7 个科技优先计划之一，由各军种和美国国防高级研究计划局负责，各军种系统司令部、中心和研究实验室组成了技术团队。该计划的目的是开发一个支持采办所有阶段的、可置信的集成计算环境，融合“创造”等软件工具的强大能力，致力于实现数据驱动的决策，实现海量设计方案权衡分析、评估与可视化。

ERS 平台能够快速构建虚拟试验和作战环境，全面探索并识别装备系统的关键性能参数，与机器学习算法相结合，还可以快速生成并分析上百万种可能的设计。目前，美军各军种和国防制造巨头都采纳了该平台，并与“创造”软件配合使用。2025 年前，该平台的开发重点是提升基于人工智能和机器学习的决策、高超声速和定向能武器的快速分析等能力。

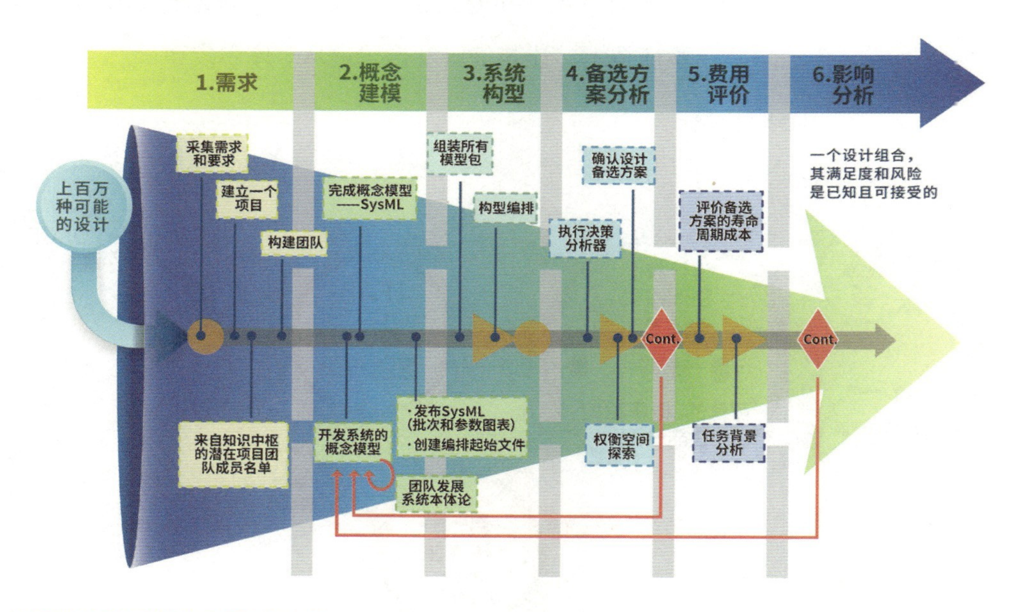

工程强韧系统支撑数据驱动的决策

复杂装备设计“一键”生成

集成电路行业从最开始发展到现在的超大规模集成电路，再到下一代集成电路，其复杂度呈指数增长，而制造周期和成本均未发生明显变化。其中最主要的原因是应用了“模块化”和“代工厂”的设计和制造思想，即通过先进的缩比设计规则、工艺约束下的模块化自动设计、通用组件和基础设施以及开放式协同等方式，推动行业的快速创新，使垂直集成研制模式彻底瓦解，同时诞生了著名的“摩尔定律”。同样的趋势近年来也在手机甚至汽车等工业产品上有鲜明的体现，其实在装修业也已经开始了这样的转型，针对任何户型都可以一键生成设计图和施工图。美军就寻求借鉴集成电路和汽车行业的模式，开发创新的产品 / 工艺自动化集成设计和验证技术，让装备研发也“遵从”摩尔定律。

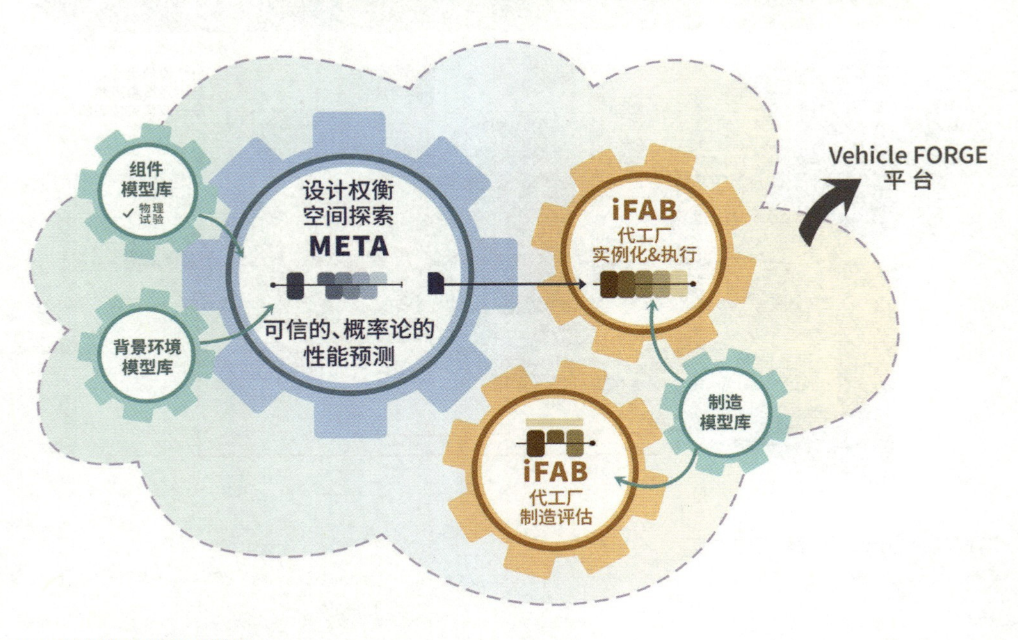

AVM 计划的主要技术流程

美国国防高级研究计划局为此设立了运载器自适应制造（AVM）计划，希望通过数字工程的创新方法，彻底改变当前以“设计—制造—试验—再设计”模式为核心的传统研发流程，将复杂装备的研制周期压缩80%。该计划在5年内共投入2.47亿美元（这在美国国防高级研究计划局算是大手笔了，它一年的研发预算也才20多亿美元），由“元”（META）、“比特流驱动的即时自适应代工厂”（iFAB）和“快速、经济可承受的下一代地面战车”（FANG）三个项目组成，旨在从根本上革新复杂装备的设计（通过META）、制造（通过iFAB）和协同创新流程（通过FANG）。

AVM计划主要任务是开发基于赛博物理系统（复杂武器装备都是这样的系统）建模语言的基础研发平台，开发并集成数字化、智能化、可视化以及基于模型的协同设计等创新工具。技术路径有三个：一是在研发流程中全面嵌入基于模型和规则的自动分析与优化技术，使从海量设计方案生成与权衡、系统性能评估，到工艺规划和生产线配置的一系列过程能够自动完成；二是系统化构建包含丰富信息的各类基础模型库，并在制造中对模型进行验证与更新，使复杂武器装备的创新从设计伊始就基于知识重用理念，并贯穿制造全过程；三是通过语义技术搭建可综合调用各类软件的仿真分析平台，基于全系统、全过程仿真，虚拟地进行产品和工艺设计方案的验证与优化，从而实现新颖设计的快速迭代。

META项目旨在实现产品自动设计，缩短复杂装备的研发周期；项目目标是开发全新设计方法、工具和流程，极大提升设计复杂赛博物理系统的能力，让设计方案可以大量自动生产并收敛到最优解，然后通过虚拟试验得到验证。iFAB 项目旨在实现工艺自动设计，更好地进行工艺规划并与产品设计更高效地集成；项目目标是创造一个柔性、可编程、可分布式的代工厂式生产能力，能够快速重构以适应众多不同的设计，终结为单个武器装备建立一个资本密集型制造设施（如现在的装备都是一个型号一条庞大的生产线）。为了针对相关军用系统应用这些能力，AVM 计划通过 FANG 项目，设计和开发新型两栖步兵战车，验证 META 和 iFAB 工具和流程。

知识链接：

FANG 项目的意义

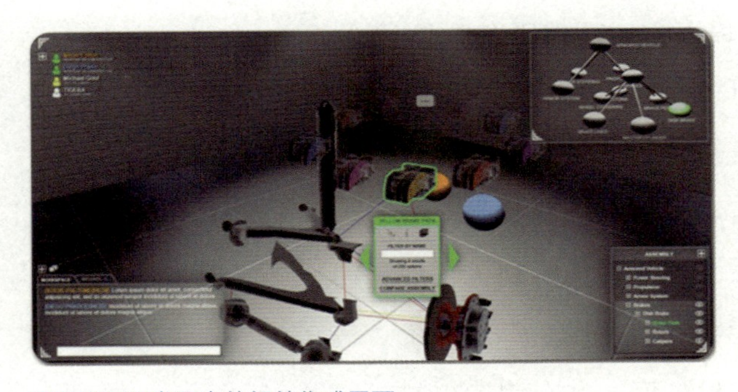

协同开源研发平台的组件集成界面

运载器自适应制造计划通过 5 年的研究，组织数十家大学持续数年从事了一系列语言和工具开发工作，培养了众多建模和仿真领域的软件人才。该计划大部分工作为软件、模型开发以及数字化平台集成，说明美军非常重视基础研制手段这样的颠覆性“软”技术，而且从经费上予以充分保障，也说明其高度重视数字化、信息化技术的项目研究，尊重并认可软件人才智力投入的价值。不仅如此，FANG 项目让更多专业的大量高校学生能够参与到武器装备的真实设计、验证和制造中，激发他们对于国防科技的兴趣。部分大学还利用这些开源工具举行额外赛事，进一步凝聚和培养了相关人才。

FANG 项目遵循的是美国国防研究计划局的挑战赛模式，让全美国感兴趣的大学生都可以参与两栖步兵战车的研发，这就做到了设计创新的“众包化”，就像小米手机那样让爱好者一起来参与手机设计。该项目开发了针对赛博物理系统推出的协同开源开发平台——vehicleforge.mil 网站，使这类复杂系统的设计过程向大众开放，让大量不具隶属关系的开发者能够参与到武器装备的设计中来。项目还开展了制造实验与拓展工作，吸引高校学生参与到一系列协同分布式实验中来，以确保年轻一代学生接受这种数字化的设计制造思想，从而为美国培养先进装备设计和制造创新领域的下一代骨干。

最终，该计划开发了一系列建模语言、设计和验证工具、制造反馈工具等基础手段，并且进行了平台化的集成验证。利用这些手段可建立全新的设计流程，实现设计方案的自动化生成、优化和虚拟验证，制造方案的自动化生成，从而极大缩短武器装备研制周期。目前，该计划已有众多成果通过国防部牵头建立的军民一体化创新机构进一步开发，有望推广应用到整个装备制造业。就像美国国防高级研究计划局所讲，用研发消费级小汽车和中央处理器的周期来研制战车甚至飞机，这种手段上的重大革新如果能够广泛应用，将颠覆未来国防采办模式，迅速提升作战能力。

戴上眼镜设计装备

虚拟现实（VR）和增强现实（AR）连接人与数字世界，通过 VR/AR 眼镜呈现的丰富数字化内容，设计人员可以加深对复杂产品和流程的理解，以更好地优化设计方案，减少设计差错，使大多数设计缺陷在实物样机制造前就及时得到修正，从而减少反复修改的成本和时间，在提高武器装备研发效率、降低研制风险、提高设计可靠性等方面发挥重要作用。波音、空客、洛·马、诺·格和雷声等航空航天制造业巨头都拥有不止一个 VR 实验室，并且积极实验和实践 AR 技术，VR 和 AR 技术给他们带来巨大好处。例如，洛·马公司首先将 VR 技术用于 F-22 和 F-35 项目，为 F-35 项目节省超 1 亿美元，投资回报率达 15 倍，在太空项目生产上每年节省 1000 万美元。

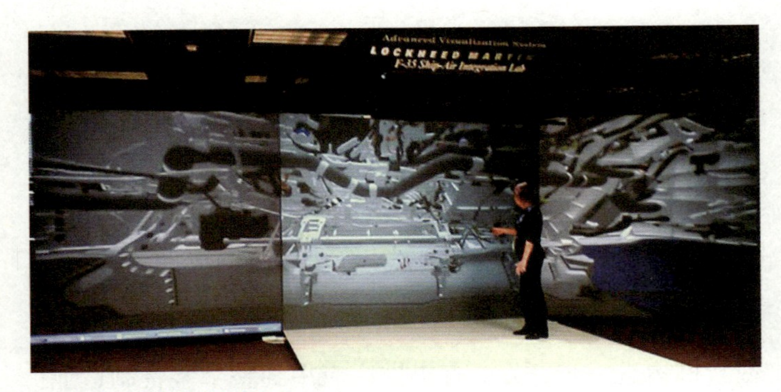

F-35 全尺寸立体虚拟环境

VR、AR 各显神通

2010 年，洛·马公司建造了人类协同沉浸实验室，包括全尺寸立体虚拟背景环境、空间动作捕捉系统、快速建模与训练设备等模块。这是一种基于知识工程的虚拟仿真环境，能够在设计或实际生产开始之前，在虚拟环境中对硬件设计和制造工艺进行精确微调。工程和技术人员可以通过 VR 技术，在项目开发的早期对产品设计和制造工艺进行验证、测试和优化。他们可通过视频游戏和特效动作，尤其是动作捕捉等技术，在虚拟世界中体验“猎户座”飞船和 GPS Ⅲ卫星上的零部件、电缆或推进系统的安装和维护任务，确定并减少这些流程中的瓶颈环节。当一型装备在实验室进行设计评审时，专家只需要戴上 VR 眼镜，就可以从任何地点远程访问参与，节省更多差旅成本和时间，并且更快地改进设计。

2017 年 4 月，俄罗斯“能源”火箭航天集团公司建立的俄首个航天飞船与模块舱虚拟设计中心正式启动运行，设计人员可通过佩戴 VR 设备“进入”飞船或模块舱内部，在虚拟的数字空间内开展特殊或复杂结构设计工作。该中心能模拟多种任务的解决方案，如模块舱内复杂机载设备的集成、大量设备连接线缆的铺设任务等，并能迅速将解决方案转化为设计文件。中心可同时容纳16名专家进入其中工作，加速俄新型火箭和航天装备的建造进程，在降低人工成本的同时保证装备质量。

BAE系统公司利用VR头戴式设备设计和测试“猎狗”战斗工程车的新组件，消除了缓慢和昂贵的组件制造过程，从而减少设计迭代，加快改进新组件的设计过程，提高产品性能。以往每次想升级一部车辆甚至只是设计一个简单的新组件，都很难预测它是如何工作的，以及是否会影响用户体验，而且一旦需要制作组件并把它固定在车辆上进行观察和测试，就会增加数小时至数周的时间。在虚拟场景中将一个新组件固定到车辆，可以清楚地看到其工作过程，而且设计人员可以成为一名虚拟的车内乘员，人手可以实时进入虚拟场景“触摸”到车，从而全面观察该组件对车辆性能的影响。还可在虚拟环境下与士兵合作对改动进行测试，并借助其反馈意见，对设计进行实时改进。

空客集团同时采用VR和AR技术进行产品的设计开发。VR方面，建立了洞穴式自动虚拟环境，进行飞

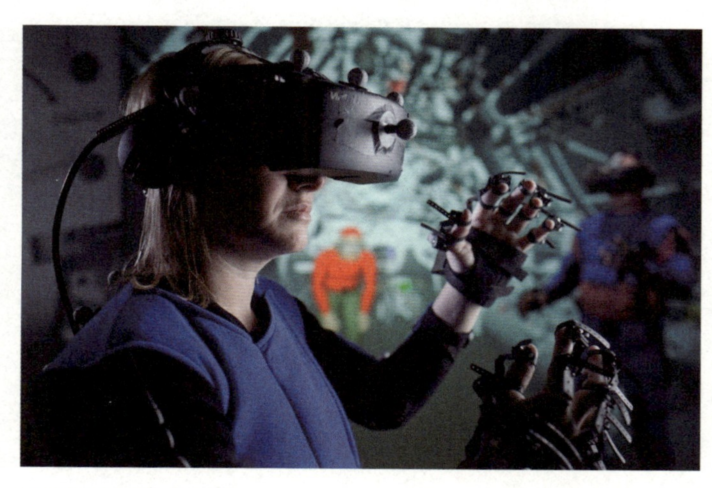

应该很不错的任务体验

机维修可达性分析、人机工效分析，以提升飞机的维修性；还能进行用户导向的客舱现场设计、内饰合理性的可视化分析，获取用户体验以改进设计、增加舒适性。AR 方面，空客联合戴姆勒公司利用索尼智能眼镜开发了一套 AR 系统，能够利用来自各类仿真软件的计算流体力学、温度等数据输入，实现座椅空间气流、温度的可视化，辅助设计人员进行客舱开发，能够迅速让设计人员和用户体验到最终效果，减少昂贵的实物原型制作成本。

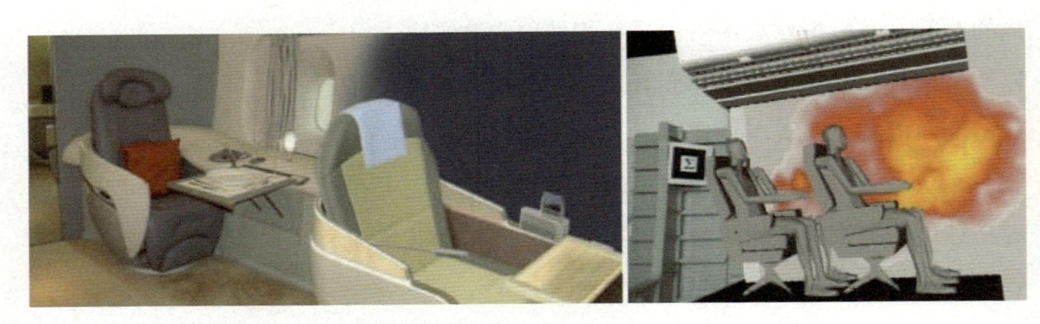

基于 AR 的用户配置直观设计与空间气流可视化分析

微软还开发了一种头戴式混合现实（MR）设备 HoloLens，可以在 AR 的基础上让数字化叠加物与真实环境融合得更好，达到近乎全息影像的效果，并且可以像 VR 系统那样让人手与数字化叠加物灵活交互。NASA 利用它开展了“火星虚拟漫步”等活动，针对太空探索和教育研发了多种应用。例如，喷气推进实验室的“原型太空”应用可将计算机仿真图像投射到工程视场环境中，帮助在“火星 2020”探测器设计过程中评估各仪器组件的组装情况，并与真实硬件进行对比研究，从而在探测器真正组装之前解决潜在的设计冲突。

雷声导弹的“洞穴”之路

雷声导弹系统公司在图森和安多弗两个工厂制造区域中心位置均建立了沉浸式设计中心，每个中心都采用了最新的洞穴式自动虚拟环境（CAVE，英文简称正好也是“洞穴”的意思，十分形象）技术，热、电、机械等各个领域的工程人员与组件装配人员、测试人员在该中心协同工作，完成导弹设计及制造工厂布局规划等工作，实现产品从设计阶段向制造阶段的无缝过渡。

雷声图森工厂的中心配备的是第一代 CAVE 系统，它是一个可配置的可视化系统，由 3 个墙面屏幕和 1 个地面屏幕组成。每面显示屏都可以单独移动，以创建一个新的显示系统，一个有 3 面墙大的平显、成一定角度的环幕剧场、呈 L 形或者常规四方形的 CAVE 沉浸式房间。设计人员采用一系列显卡来驱动 4 个达到兆像素级的三维投影仪。

第一代“洞穴”大屏显

安多弗工厂的中心首次在工业领域应用了第二代的 CAVE2 技术，它使用了 72 台液晶面板，形成了一个 320° 的弧形显示墙，可以支持更大规模的工作会议，提供更开阔的周边视野，可以高质量、同步显示多种媒体格式文件。CAVE2 比上一代扩大了两倍的虚拟空间，显示亮度提升 66 倍以上、处理能力提升 4176 倍、存储容量提升 22500 倍。同时，CAVE2 支持信息分析，并可以根据人类的视觉灵敏范围进行分辨率匹配。

沉浸式设计中心显著提升了雷声公司的导弹设计研发能力。通过 CAVE2 系统，可以支持多人协同设计导弹的弹体结构和内部元器件布局，实现高效可靠的产品设计。在导弹方案设计阶段，沉浸式设计中心可容纳 20 人现场进行工程图纸、数字样机分析讨论、修正迭代。如果 CAVE2 系统连接到网络，身处异地的设计人员还可在线进行导弹设计讨论，同时借助头戴式显示设备，可与投射到房间内的产品虚拟模型互动，实现导弹的三维可视化设计组合，产品开发时间缩短 30%~40%。

该中心还可以用于开展培训、战争演习和进行系统分析等其他活动。例如，雷声公司曾为“爱国者”号扫雷舰上的舰对空导弹系统控制站掩体打造了一个 3D 模型，内部配备计算、通信和其他设备。导弹系统操作人员和维修人员可以借助该虚拟掩体与装备进行互动，将寻找或修理某个部件是否容易的信息方便地反馈给设计人员。在互动中，人们可以通过操纵杆用虚拟的手将设备组件卸下来，并能够以 3D 的方式观察、旋转该组件，了解该组件的安装情况，最后还能将该组件重新安装上去。

此外，在雷声公司位于亚拉巴马州的新工厂实际建设前，设计人员使用 CAVE 系统测试和验证了导弹工厂各种要素，如生产单元布局、检测设备之间的安全距离等，施工时间比预期缩短了 3 个月，成本减少了数百万美元，降低了建厂后调整改动的风险成本，并且工程中的工作站更符合人体工程学。

第二代“洞穴”环幕房间

雷声公司还有2个快速操作VR系统，通常也称为移动式CAVE，是相对独立的可视化系统，具有背投式显示屏，能够在一个很小的空间内很便捷地显示3D图像。该系统能够通过轻型卡车运送到供应商或用户手里，无需额外工具，在1小时以内就可安装完成，这样可以很方便地实现异地3D沉浸式仿真，促进他们与雷声公司设计人员之间的实时协同。

3.2 智能生产
——魅力人人网

大脑让人类具有高度智能，但是其产生和实现智能的过程是不可见的，我们看到的都是感知、分析、决策、执行的结果。智能生产也是这样，各种各样的计算机（机床内嵌处理器或者计算中心）让生产线具备一定智能，但我们无法看到数字世界或者赛博空间中发生的事情，看到的一般都是已经输出的结果。例如，站在一台智能机床前，很难想象这个庞然大物如何就智能了，只能通过它的加工效率和质量来判断。所以，大众普遍认为的典型智能生产过程，更多的是通过有大量工业机器人、无线自主设备以及智能可穿戴设备参与的过程来体现的。机器人体现机器智能，人类体现生物智能，各种无线网络在内的工业互联网将所有“人”和人连接到数字世界，无缝传递和交互数据、信息和知识，让智能得以体现。本节将进一步展示“人—人—网”的魅力：一是数控加工这一年逾花甲的技术正在发生的变革；二是目前只有电影中演到过的“机器人总动员”；三是物联网带给工厂前所未有的生产技术和管理革命；四是让人们像打游戏一样完成复杂操作而几乎无需培训的 AR 应用。

数控程序员要下岗

在机器人大行其道之前，如果有领导要来视察一个装备制造企业，几乎一定会先被带去参观数控车间，看看一排排数控机床的加工场景，因为它自动化程度高，看上去非常高科技，而且车间环境比起锻铸焊和钻铆装来说，要舒适、整洁和安静得多。因此，数控程序员和操作员还是比较吃香的。不过，如果计算机能替代人类编程的话……工业 4.0 时代，从美国国防高级研究计划局到德国弗劳恩霍夫研究所，从波音到普·惠，似乎都在尝试让数控程序员“下岗”，至于数控机床的操作员，甚至可能早已经被大批裁撤了。从 1952 年美国空军支持麻省理工学院研制首台数控机床起，随着智能机床的实现和工艺规划领域数字工程技术的突破，数控加工领域将首次发生影响深远的重大变革。

“码农”不再需要编程

曾几何时，机械制造专业的学生考取数控程序员证书是非常必要的。数控程序员是通过编制符合零件加工需求与数控技术要求的程序，使得数控设备（如机床主轴、机器人末端执行器）按照指定轨迹进行加工运动的制造业“码农”，数控编程是数控程序员的核心工作。近年来数字工程技术的广泛发展应用，让数控编程实现了自动化和智能化：① 能够根据零件的三维模型自动提供合理的工艺解决方案，具有识别零件的各种结构几何特征信息的能力，并且有一定的分析和决策能力；② 具有更多的自动选项，例如根据工艺方案自动选择刀具、生成加工轨迹等，以最大限度地简化操作过程；③ 具有更广泛的适应性，不仅能够满足各种类型的零件模型对加工的需要，更要满足各种数控硬件设备或控制系统的需要。

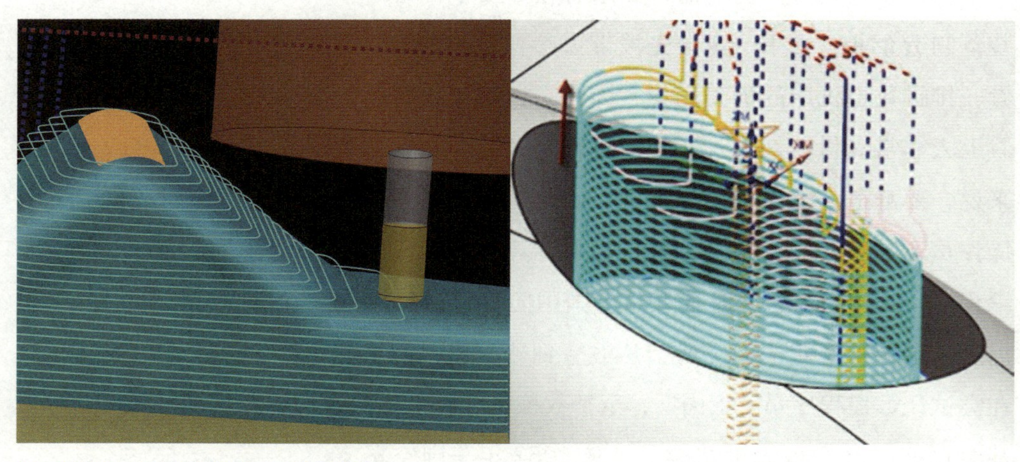

在三维模型上自动生成的刀具加工轨迹

先进的“智能机床”可以读取三维几何模型中的信息，自动生成数控程序，整个过程几乎不需要数控程序员。德国人工智能研究中心开展的“关键探路者”智能工厂验证项目，建设了一个智能的铣削加工站，智能机床读取零件设计信息，由内嵌控制器自动创建数控铣削程序，完成零件加工。也就是说，告诉机床“炒什么菜”，根据丰富的“食材和烹饪”知识，机床自己或者通过云就可以形成详细的“菜谱”，然后直接开始“做菜”。这里面的变革是：原来告诉人要加工什么，人通过自己的理解进行计算机编程，告诉机床如何加工，刀具要怎么运动；而现在是告诉机床要加工什么，通过完全了解产品、理解任务以及知识库的支持，机床自己通过内嵌计算机完成编程，整个过程可以只在机床内完成，数控程序员可以只做做修改、验证和优化等后端工作。甚至，如果专家系统和机器学习让机床更加智能后，机床可以自仿真、自优化、自学习，到时候数控程序员可能真就“下岗”了。

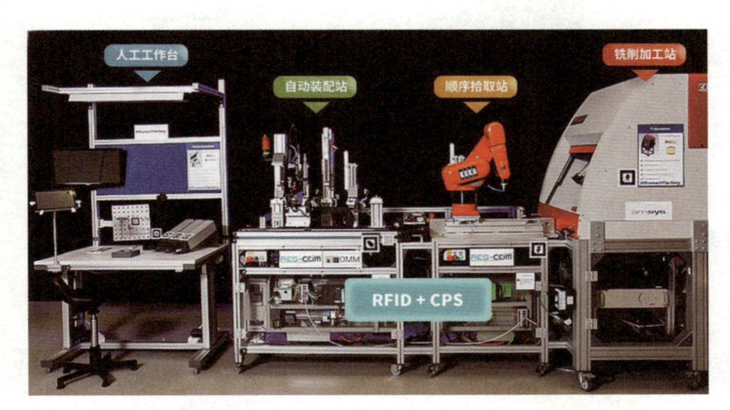

工业 4.0 的一个概念演示场景

实现智能编程的一个关键是采用基于 STEP-NC 标准的信息模型，以实现信息在设计模块与制造模块之间的双向数据流传输。STEP-NC 的应用将使目前的 CAD 软件生成设计数据的准备时间减少 75%，CAM 软件进行加工工艺的规划时间减少 35%，数控系统的加工时间减少 50%，极大提升设备综合效率（OEE）。而且，通过互联网接入产品数据模型库，指定机床能够在任何地方通过网络与其他机床共享或交换数据，通过互联网将形成一个全球化的智能数控系统。

2014 年，波音公司与机床、刀具及软件商合作演示了 STEP-NC 的能力。通过 STEP-NC 标准的程序和接口，可以显示并更新实时刀具状态，支持一个材料去除模拟器根据已加工零件的实时外形建立三维数字孪生模型。

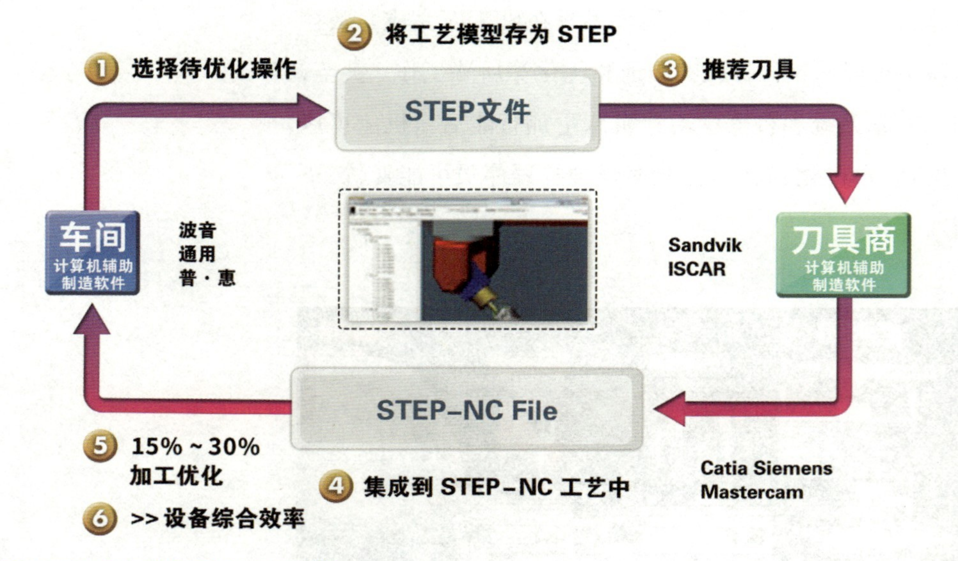

波音公司利用刀具商知识优化加工时间

将 STEP-NC 数据载入数控系统的用户界面是一个“一键完成”过程，可以为工作台上不同位置加工零件提供若干可配置的预设方案。通过 STEP-NC 建立数据交换的数字线索，波音公司可更容易地与机床商、刀具商或其他资源协作并获得工艺专业知识，从而使一个钛合金零件的加工时间加快了 15%~30%。目前，波音公司在所有单通道和双通道客机的机体结构零件加工中都使用了 STEP-NC，甚至也用到了卫星上。美国联邦航空管理局也计划将每一架飞行器上的已加工零件建立 STEP-NC 文档，如太空探索技术公司（SpaceX）也早已用上 STEP-NC。

智能机床搞定自适应加工

所谓自适应加工，就是基于数字工程技术对工艺进行建模仿真，对可能出现的加工情况和效果进行预测，加工时通过先进传感器对加工过程进行实时监测和控制，并综合考虑理论知识和人类经验，模拟制造专家的

知识链接：

STEP-NC 标准

STEP-NC 是一种新的数控系统标准（ISO14649），采用一种现代的关联通信协议，将数控工艺数据与被加工零件的产品描述连接起来。以往输入到数控系统的代码控制信息仅限于机床运动控制，而 STEP-NC 是基于交换和处理表达特定零件属性的特征或特征集，如槽、孔、凸台等，以及必要的辅助加工功能。也就是告诉数控系统“加工什么”，以及“如何加工”，而不是直接对刀具运动进行编程。因此，机床在完全“了解”产品的条件下可以根据具体情况调整或优化具体的操作，并且包含加工信息的模型不需进行后置处理就可以被任意一台机床读取并执行。这不仅消除了生成后置处理程序导致的高昂成本和效率低下的问题，而且还为产品设计应用程序、制造工艺规划和工厂内的机床之间的信息交换建立了协作环境。

除了让机床自动生成数控程序，STEP-NC 还能根据加工过程中测量的数据进行更新，实现更加智能的自适应加工。例如，在钛合金叶轮加工过程中使用测量设备对零件进行测量，测量结果反馈至基于 STEP-NC 标准的信息模型后，可以根据反馈结果实现刀具路径的校正与重新规划，以及对进给速度和刀具寿命的优化，实现了闭环加工。通过 STEP-NC，数控程序的修改更加便捷，大大减小了重新编程的任务量。

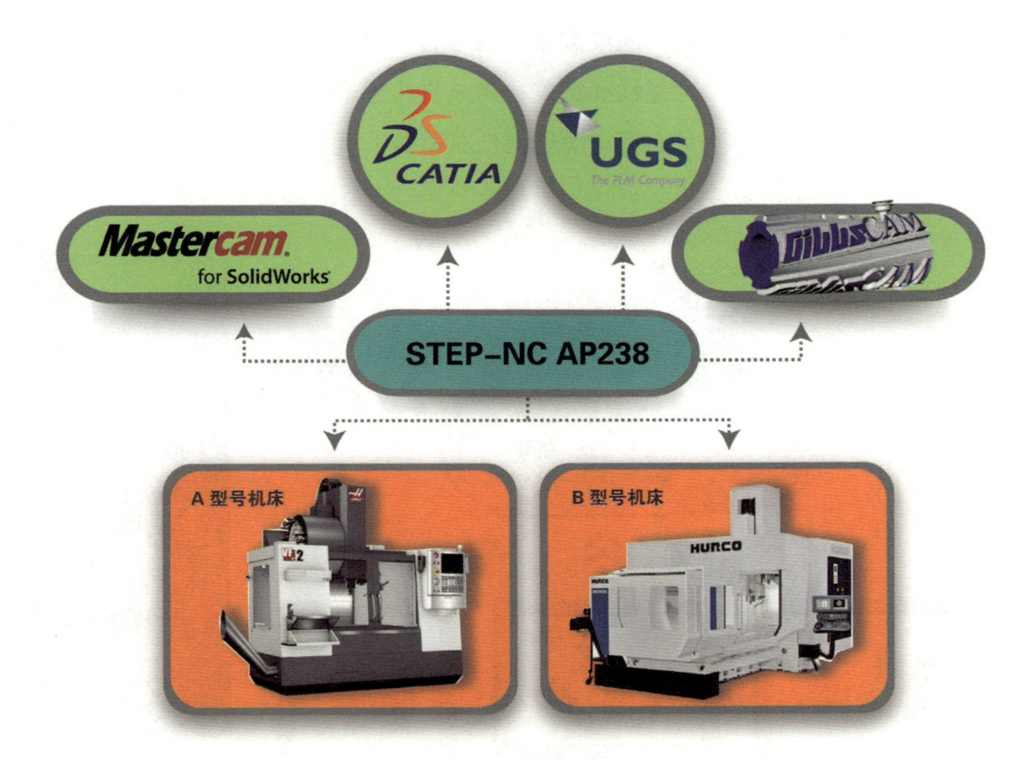

通过 STEP-NC 实现信息无缝交换

分析、判断、推理、构思和决策等智能活动，优选加工参数，检测故障情况，调整自身状态，从而提高制造系统的适应性，获得最优的加工性能和最佳的加工质量，是单台数控加工设备实现智能化的重要技术手段。这其实就是智能机床的“动态感知、实时分析、自主决策、精准执行”过程。

德国弗劳恩霍夫研究所通过传感器增强机床，演示了基于物联网和大数据的自适应加工。机床通过 STEP-NC 标准，由数控系统直接读取 CAD/CAM 数据，根据包含了零件几何形状、刀具路径生成、刀具选择等信息的“超级模型”自动生成数控代码。将机床上多个传感器之间的数据进行融合，可获得质量更好的数据，提升可靠性和精度；将来自传感器与模型的数据进行对比，可实现自动模型校准和基于模型的自动工艺控制。

自适应加工中的大数据和云计算

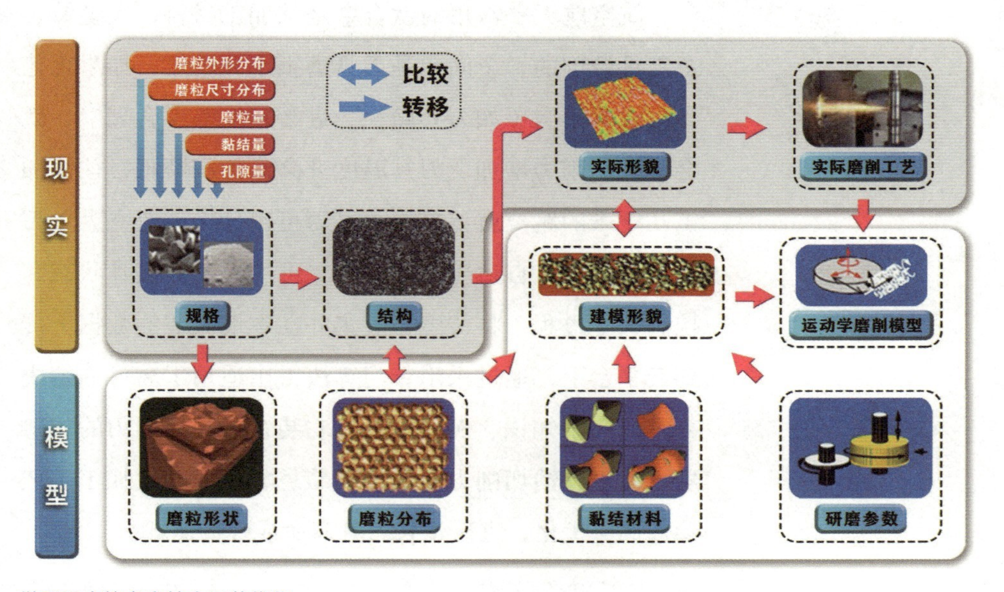

微观尺度的虚实结合工艺优化

以普·惠齿轮传动式涡扇发动机零部件制造为例。当前的工艺建模仿真是基于水平工艺链，如高压涡轮叶片的“铣削—磨削—抛光”这一序列化的工艺流程；未来则要侧重垂直工艺链，即在不同尺度进行某道工序的建模，越微观则数据量越大，大数据出现在有限元分析、微观运动学和分子动力学等仿真中。如对减速齿轮的磨削，垂直工艺链就要从磨粒形状、分布、黏结材料等参数的建模开始，完整地再现磨削的微观机理过程，然后再与实际磨粒规格、结构等参数以及相关的机床传感器、工件加工数据进行对比，以在线优化工艺参数得到最佳结果。通过大数据与高性能计算，甚至对高压压气机电火花加工这种融合了电场、热传导、流体力学、表面化学反应、外形结构变化的复杂过程，也可进行多物理量建模与在线工艺仿真，并通过传感器数据实时调节控制参数。

航空航天中常用的钛合金是难加工材料，大型钛合金零件铣削的一个问题是刀具磨损十分迅速，如果工艺参数设置不当（如刀具路径、进给速度等不合理），就会导致切削力增加、刀具温度升高而加剧磨损，往往加工几十米的距离就要换刀，这刀可比什么“双立人”刀具贵好几倍。自适应加工技术，可实时监测刀具状态和控制加工过程，将传感器收集并在本地调节的数据上传到云平台上，通过采用专门算法得出适用于高可靠解决方案的决策知识。例如，通过安装在刀具切削刃的传感器，可以反馈切削力和温度等信息，从而触发加工工艺参数调整优化，进而延长刀具寿命或降低能耗。

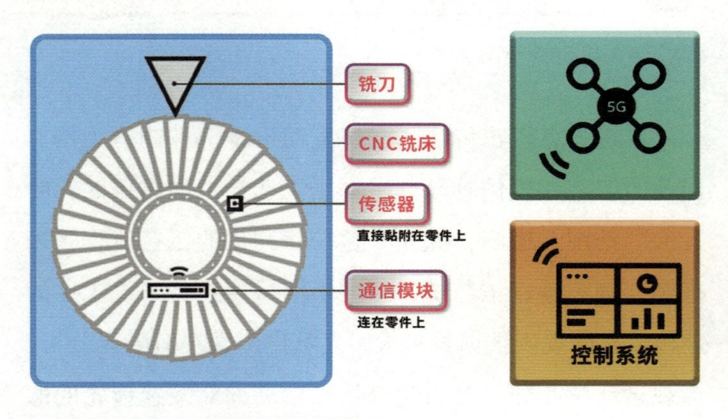

实时监测工件振动并反馈给控制系统

铣削加工中的工件振动对于动辄上万美元的钛合金零件来说也是一个难题，它会极大影响尺寸精度和表面光洁度，如果无法及时监测到就会导致缺陷和返工。MTU 发动机公司将 5G 技术用于涡轮整体叶盘叶片自适应加工，通过安装传感器实时监测加工中的振动，利用数据立即优化工艺参数（如改变机床主轴转速）并反馈给刀具控制系统，由于 5G 时延仅有 1 毫秒左右，提高了控制及时性，提升了加工精度，每年可为公司节省 3.6

亿欧元成本。此外，美国国防部还研究了复合材料领域的自适应加工，也是通过根据传感器采集的机床、夹具、工件和刀具数据，通过一个自适应控制器，一方面通过数控程序修正加工路径，一方面直接调节工艺参数来进行补偿，从而可使返工率减少 55%~85%。

机器人总动员

随着工厂中智能机床、工业互联网和机器人等无线无人操纵设备（如自动导向车）的普及，不少数控操作员早已先于数控程序员下岗了，他们拾取、定位、装夹、搬运工件以及操作机床的工作现在可以很轻易地为机器人所替代。近年来，随着灵巧操作、自主导航、环境感知、人机交互等机器人关键技术水平的提高，机器人的应用迅速扩展。通过精心设计的自动化工艺流程，高精度的大负载机械臂加上不同功能的定制末端执行器，就可以胜任许多由人类从事的高强度、高重复性的无聊操作。因此，在金属加工、复合材料成形、连接焊接、装配喷涂、增材制造等大量环节，机器人都已经开始施展拳脚。

军工产品制造的特点决定了必须针对特定部件和工艺定制开发制造机器人，当前还有一些领域亟待新型机器人解决方案以提升效率和精度，如狭小空间操作、极端尺寸制造、空间自由造型；同时，还存在需要机器人之间进行协作的任务，以及一些不能完全由机器人替代人类完成的任务，需要人类和机器人在同一区域共同工作。本节的重点就是这些从事更加复杂操作的新概念机器人，包括：新构型灵巧机器人，其最大的特征就在于不同于传统工业机器人的“异形”特征，但因此可获得

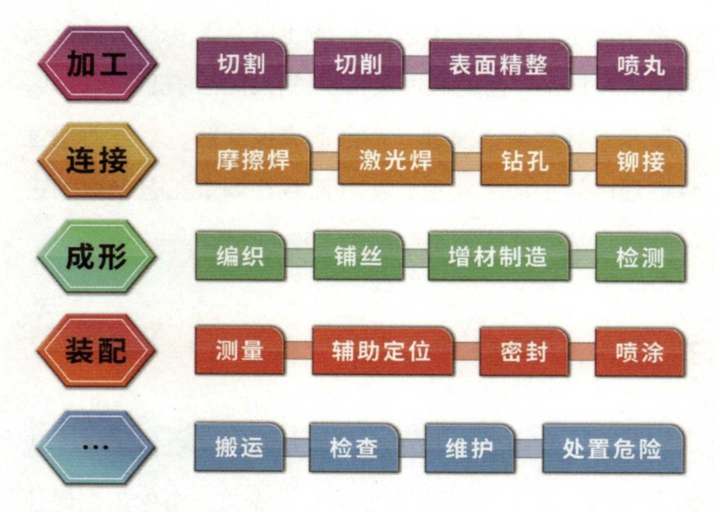

这些环节遍布机器人的身影

更大的运动自由度或任务适应性；美国国防部认定的“下一代机器人”——协作机器人。

大放异彩的另类“人”生

（1）柔性关节机器人。柔性关节也被称为“蛇形臂”，一般可以驱动30倍于直径的臂长。英国OC机器人公司开发的蛇形臂机器人，根据任务需求不同，臂的直径可从12.5毫米到150毫米不等，长度可从1米到10米，直径越大负载能力越高。操作员通过“头部跟随”原理控制机器人蜿蜒行进，当指令传递到蛇形臂尖端后，其余关节将按特定路径跟踪尖端行进。该公司与空客和库卡合作开发了用于狭小空间装配的蛇形臂机器人，其柔性足以将所需工具输送到机翼翼盒内部执行密封等装配任务，让传统工业机器人无法达到的地方实现了自动化。

（2）并联运动机器人。并联运动机器人突破了以往单机械臂机器人自由度只能以串联方式得到的限制（串联容易造成精度误差积累）。如右下图所示，并联运动机器人实际上构成了一个金字塔形移动的三脚架，

典型的蛇形臂

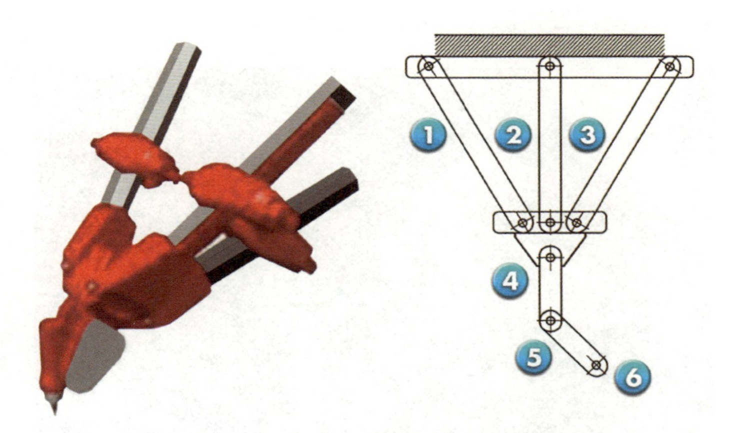

并联运动概念及其 6 个节点（6 上安装执行器）

通过 3 个并联执行器 1、2、3 依次连接 2 个串联执行器 4、5 和 1 个末端执行器 6，以 6 个节点形成 10 个自由度，更好地了实现了柔性与刚性的结合。瑞典艾克斯康公司开发的 X 系列并联运动机器人，目前已经应用在空客 A350 机翼壁板钻孔中。2017 年，由该公司和洛 · 马公司等成立的合资公司推出了世界首款由复合材料制作的 XMini 机器人，未来其用武之地可进一步扩展到 F-35 战斗机。

（3）柔性轨道机器人。波音 787 飞机破天荒地采用了整体成形的桶形复合材料中机身壁板，在钻孔时无法采用以往为金属壁板开发的自动钻铆系统。面对一个直径 5.75 米、堪比地铁隧道的大桶，必须采用创新的方式。波音与电冲击公司共同设计了独特的“柔性导轨钻孔”系统，将 2 条柔性导轨真空吸附在飞机机身上，导轨上装有小车，内有钻孔主轴，钻孔系统在导轨上爬行并自动钻孔。也就是在桶形机身上铺设一条环形轨道，无人小车绕机身一圈就把孔钻完了，这是非常厉害的创意。这更加说明大型工业机器人不是万能的智能制造设备，最灵巧好用的设备才是最适合的。

两条轨道解决大圆桶的钻孔挑战

蓝色横梁上安装了自动定位器

（4）平台联动机器人。波音 787 飞机的总装中，机翼与机身这两个大尺寸部件的对接属于极端制造的范畴。两副长近 30 米、重几十吨的机翼，要精准地对接到长 60 米上下的机身上，定位的误差还要小于 1 毫米，比针眼还小。装配系统的“交钥匙”供应商先进集成技术公司助力波音公司，设计了一个仅有 6 根立柱组支撑、带有 14 个定位器的灵巧对接平台，定位器通过驱动白色托架对部件进行位置和姿态调整。在对接时，定位器分别自动移动到各个托架附近，然后按照预定方案举起和移动部件，遍布于工厂顶棚和墙壁的室内 GPS 测量系统会定位飞机部件，并将信息输入系统软件中。根据测量数据，系统计算出飞机各部件需要移动的距离，以确保相邻部件的准确对接。利用这一整套自动化技术，波音 787 机翼与机身的对接只需要几个小时就能完成，而以往型号要花费几十个小时。

蜘蛛造型机器人

（5）自由造型机器人。如果从仿生学的角度去动物界找一个造物能手，那一定非蜘蛛莫属，它们可以跨越很长的距离织出二维的圆形、片状甚至三维立体等不同结构的蛛网，从某种意义上来讲，蜘蛛就是一个高度自由的八爪机器人，能够进行空间自由造型。NASA 就看中了这一点，启动了一个“蜘蛛造型”项目，专门研究太空中大型桁架结构的在轨制造工艺及其设备——装有喷丝头的太空 3D 打印及组装机器人。该机器人可以直接在空间轨道上进行大型组件的现场制造，如支撑太阳能电池板、天线、传感器等的桁架结构以及其他多功能结构，未来目标是自打印、自组装的卫星。未来空间轨道上若需要大型组件，随火箭升空的可以只是蜘蛛机器人和原始建材，即通过较小的廉价火箭实现紧凑的运输，进而在太空中直接打造出比原来大数十倍至数百倍的太阳能电池板或天线等结构，从而让各种太空任务实现更高的功率、带宽、分辨率和灵敏度，而建设成本大大降低。

精诚协作的机器人兄弟

（1）固定轨道双机器人协作系统。这种协作系统的特点是，执行简单协作任务的两台机器人在固定位置或在轨道上有限移动，共同完成夹持、定位、钻孔等任务。F-35 进气道双机器人钻孔单元就是这样：一台带有视景导引功能的机器人执行钻孔任务，另一台加装激光跟踪系统的机器人测量钻头位置帮助钻孔机器人定位。英国波音 - 谢菲尔德大学先进制造研究中心（AMRC）联合库卡公司开发的双机器人锪孔单元也应用于 F-35 制造，一台集成了非接触测量功能的锪孔机器人对预制孔进行精确定位，另一台机器人则代替昂贵的夹具支撑组件并利用增强现实进行辅助装夹，加工效率可提升10倍。

通用原子公司开发了无需工装的双机器人热塑性复合材料成形工艺，一台是标准的纤维带铺放机器人，提供激光加热功能以实现原位固结；另一台“支撑”机器人直接在铺带头对面工作，支撑头由平坦的金属表面组

铺带机器人和支撑机器人协作

成，实际上提供了一个可移动的工装表面。铺放的每条纤维带的每一端都固定在框架上，根据应用对象不同，框架可呈现各种形状，此外，纤维带可以由机器人操纵以改变三维空间内的方向，从而构建弯曲、复杂的形状。该公司是美军无人机的主要提供者之一，很多先进无人机机体的复合材料比例早已突破 80%，该工艺的前景是相当广阔了。

（2）固定轨道多机器人协作系统。这种协作系统的特点是，集成在固定位置或空间多轨道上的多台机器人共同完成更多样的复杂协作任务。美国、日本水面舰船船体、潜艇壳体就采用了多机器人大型工作站，同步协同进行舱室内部自动焊接，这种由几台甚至几十台机器人组成的大型构件协同焊接系统，重复定位精度优于 0.05 毫米，工作站直线运动范围可达 30 米以上。

2015 年，达索系统公司与美国威奇托州立大学国家航空研究院共同建立了 3D 体验中心，在一个长方体空间内设置了由 9 台机器人组成的多机器人先进制造协作示范线，可谓世界之最。其中，4 台机器人安装在空间两侧的地面轨道上，2 台机器人安装在其中一侧的龙门轨道上，还有 3 台在空间外部，可以 3D 打印复合材料纤维，还可以执行铣削、3D 扫描操作以及其他多种先进制造技术，加速生产、减少零件数量并消除制造浪费。在中心启动当天，3 台机器人展示了 3D 打印复合材料无人机机翼的过程，龙门下面的地面机器人夹持机翼，龙门上和另一侧的地面机器人执行制造任务；之后还用 6 台机器人验证了机翼翼盒扫描任务，2 台地面机器人 200 秒就完成了检测。

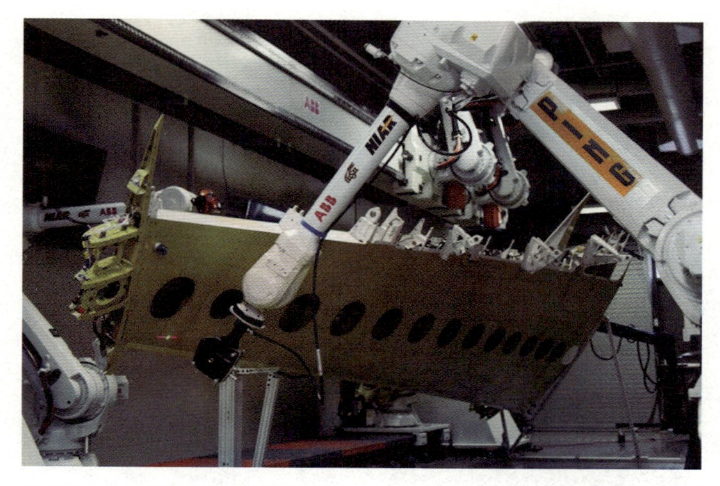

多机器人先进制造协作示范线

（3）自由移动机器人协作系统。该系统一般是基于大型移动平台的传统机器人系统，全向平台具备高刚度、高定位精度和动态稳定性，其上安装高精度机器人和可互换的多功能末端执行器，不同系统之间可以协作并且具备持续工艺监测功能，防止错误和碰撞发生。弗劳恩霍夫制造技术与先进材料研究所通过“大型复合材料结构高效高生产率精密加工”项目开发了一个模块化、自适应、可移动机器人智能铣削系统，并且 2016 年成功地在空客 A320 垂尾整体壁板上进行了试验，多个系统同时操作可以加工 30 米的机翼和机身主结构。

波音 787 飞机后机身 47 和 48 段装配中，就使用了与电冲击公司合作开发的 Quadbots（“quad”就是 4 个的意思）多机器人协同装配系统，系统由 4 台可移动的装配机器人组成，并且采用防撞功能支撑协作。每个机器人都可以钻孔、锪孔、检测孔质量、涂覆密封剂和安装紧固件，可将装配效率提升 30%。这个“四胞胎”的功能比 F-35 上使用的“兄弟”俩更强大，洛·马公司大名鼎鼎的臭鼬工厂也在使用这种机器人的衍生版本“眼镜蛇”，从事NASA X-59超声速飞机验证机复合材料机体的装配工作。

X-59 机体装配使用了可移动的机器人

人类好工友大罗伯特

（1）固定位置人机协作机器人。执行人机协作的类人机器人，一般采用基于人类手臂设计的7个自由度结构，在每段结构内都集成了防撞功能和关节力矩传感器，在接触到人时会自动远离，具有很高的柔性、精度、灵敏度和安全性。此类机器人首推库卡公司的智能工业作业辅助轻量化机器人（LBR iiwa），它由德国航空航天中心机器人与机电一体化研究所开发并用于人机协作研究。2018年，在AMRC的帮助下，BAE系统公司开始在“台风”战斗机生产中使用协作机器人，公司开发了一个基于LBR iiwa的协作机器人工作站，能够识别并避免碰撞操作员，使用无线技术自动加载最佳的个人配置文件并且自动传输定制的提示和指令，通过实际任务来指导同等专业技能水平的人员。看来，老师傅也要“下岗”了。

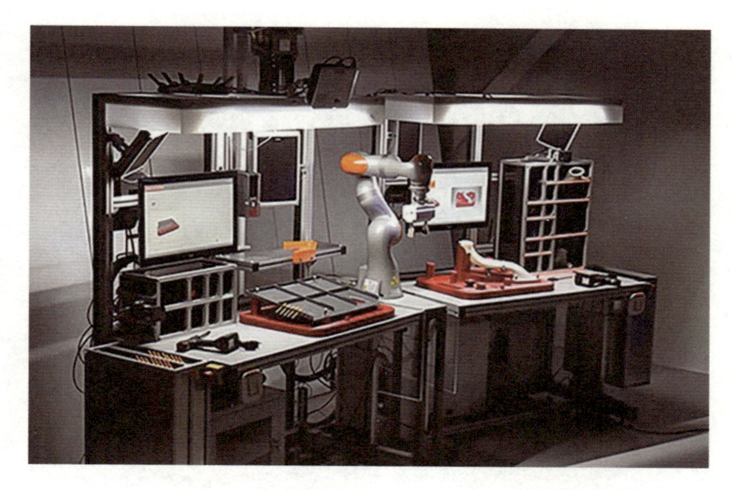

用于培训工人的协作机器人工作站

空客公司在“未来装配”计划中与川田工业合作，利用其HIRO双臂拟人机器人执行A380方向舵梁的人机协作装配，实施抓取、插入和预装铆钉等铆接任务，成为欧洲工业界首个与人类并肩工作的拟人机器人，让人机协作看起来更具人工智能。这种机器人目前已经扩展到了A350客机平尾翼盒装配线。和更像人类的机器人“大罗伯特”一起工作，工人应该会感到更加安全，能够放下心理负担专注完成任务。

更像“人”的HIRO机器人

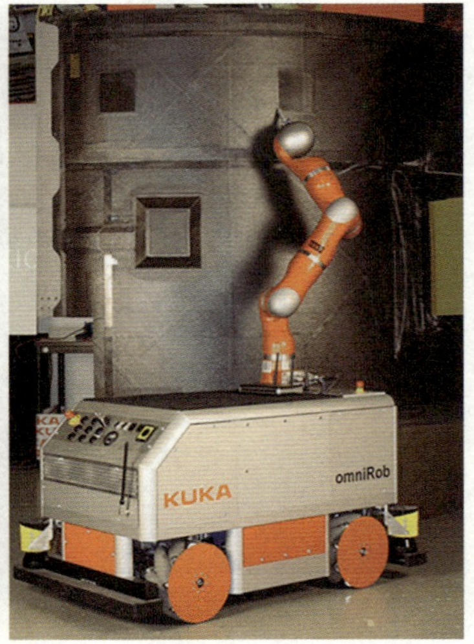

多功能的人机协作机器人

（2）自由移动人机协作机器人。这一般是基于灵巧移动平台的类人机器人系统，类人机器人直接集成在一个小体积全向平台上，提供至少 10 个自由度，与人类一起完成各种复杂任务，可以说代表了协作机器人的最高水平。库卡公司开发的 omniRob 移动机器人在类似自动导向车的灵巧平台上集成了 LBR iiwa 机器人，并且安装了集成立体摄像头的倾转转盘单元和图案投影仪，以及立体视觉处理器，能够在未知地形工作并且响应多种任务，实现自主化运行。

2016 年，英国 GKN 航宇公司基于 omniRob 开展了人机协作研究。福克航空结构部针对 A350 外襟翼，让机器人拾起自动钻孔单元并将其插入钻孔夹具，从这类简单任务中解放老员工去从事更加复杂的任务；福克起落架部利用机器人在套管上均匀涂覆无泡沫的密封剂滴，减少操作时间并提升可重复性。由弗劳恩霍夫工厂运行与自动化研究所联合空客等开展的“工业用先进协作机器人验证”项目，基于ominRob开发了移动机器人系统并增加了抬升枢轴单元，使其自由度达到了12个，可以自由地执行多种装配任务，如涂覆密封剂、搬运、检测等，极大减轻工人压力；系统还集成了3对立体摄像头监测系统和带缓冲层的触觉传感器，能够感知并避免任何碰撞，进一步提升安全性。

工厂资产连连看

工业互联网的魅力在于赋能无缝连接，从而实现数据实时传输分析，像数控机床自适应加工、机器人总动员中的全部场景都需要工业互联网的鼎力支持。生产力决定生产关系，在泛在感知、万物互联的赛博物理生产系统中，管理领域也正随之发生革命，这突出地体现在工厂资产管理上。庞大的飞机总装线上，成千上万的零部件、物料以及成百上千的机床、设备和工装散布在工厂的各处，跟踪和管理它们是非常困难的事情，就算安装了1000个摄像头也不可能看到被飞机机身遮挡的区域有没有要找的那件丢失的物品。就像现在室外找人靠手机GPS定位，室内找人则要靠一种称为超带宽定位（UWB，将无线通信、基站定位、惯导定位等多种技术集成，以获知相对位置）的技术，而高清摄像头在5G通信下画质更高、延迟更低、传输更稳定，这些无线通信技术的发展让工厂资产的跟踪和管理过程也进一步高效化。

在“智能空间”中生产飞机

洛·马公司和空客公司分别在沃斯堡F-35战斗机和图卢兹A400M运输机生产线部署了UBI集团“智能

空间”的工业互联网解决方案，以管理其工厂中数量众多的资产。“智能空间”使用模块化、开放式软件平台，可以实时监测物理世界中的人员和物品（安装或携带 RFID、UWB 四维传感器），让最复杂的流程也能够可视化和可控。

该平台将定位技术集成到一个单一的工厂运行视图中，能够处理 UWB、GPS、RFID、蓝牙和摄像头系统，相当于提供了一个“室内雷达”，在这个基于三维模型的运行视图中，可以看到每个人员和物品的位置和移动。也就是说，通过模型和定位数据，平台将工厂中的运行流程和移动资产数字化、定量化并精准定位，这实际上建立了一个实时镜像现实生产环境的数字孪生，可将物理世界中的活动与数字世界中的制造执行和规划系统相连接。这样，平台就可以在数字世界中实时监测三维空间中的位置、交互与状态，使用空间事件来控制运行流程并使生产环境根据工人移动做出反应。

飞机生产线上资产众多、工装多样、流程复杂、物流交错，如果一些关键物品没有在正确的时间位于正确

同时跟踪多个目标的室内雷达

的位置，将造成漫长和十分昂贵的生产延迟。“智能空间”可以做到：在流程未按计划进行，或者资产和工装放错位置时实时通知你，以减少错误并消除搜索时间；直接连接到数字化的记录系统，将真实发生过的流程实时更新进去；自动控制相连的设备，确保它们遵循计划的流程，并防止未授权地或不安全地使用设备。通过实时掌握被标记资产的精确位置，以及未来它们需要到什么位置，“智能空间”可提前谋划和调度工厂中的复杂资产。

通过“一目了然”的工厂运行视图，平台不仅会告诉你资产在哪里，还可进行高水平控制，以确保不受控

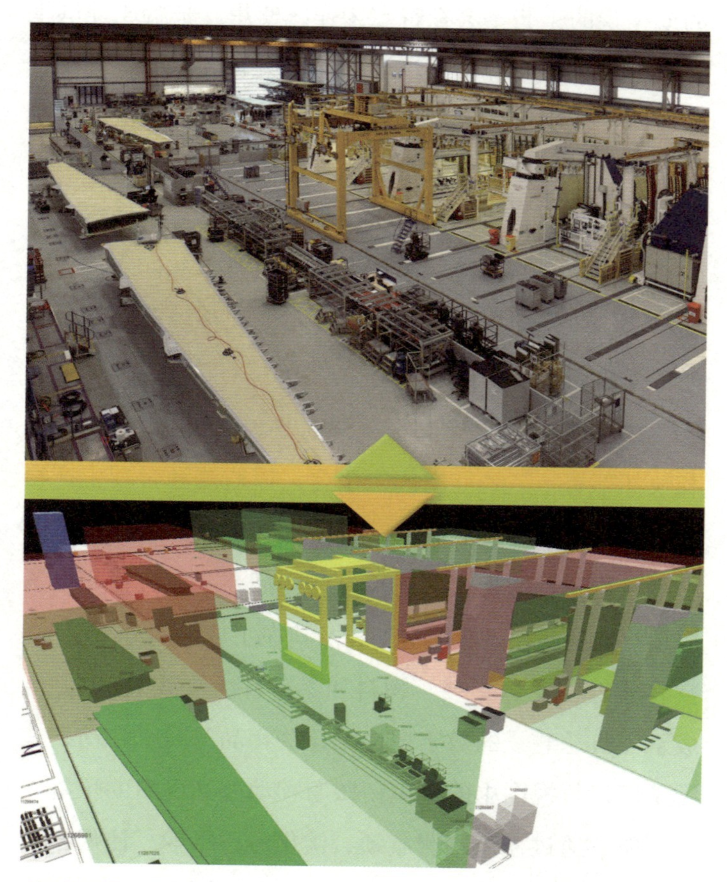

实时监测数万平米空间和数千个对象的数字孪生

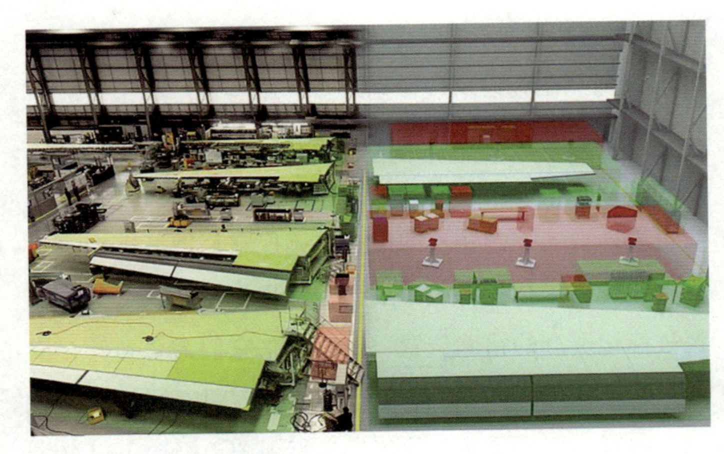

想看哪里看哪里的数字孪生

的或错误的工装不会在特定工作区使用。平台还提供重要资产的电子审计功能，详细描述所有客户所配置设备的行踪，使制造商快速、高效响应客户的突击检查，避免因未能指明位置而被罚款。飞机部件制造和交付中出现问题意味着总装延迟和交付日期推迟，从而导致大量罚金，通过跨部装线在多家工厂中跟踪零部件的进展情况，“智能空间”平台使制造商在发现部件可能交付延迟后提前调整总装计划。

除了 A400M，空客在 A330、A380 和 A350 飞机总装线都部署了“智能空间”平台，以监测和管理生产物流、装配流程、工装和资产、审计与质量一致性。从图中可以看到，通过实时连接这些物品，工业流程和设备应用更加透明化，特别是工装及其在工厂内的分布情况。空客通过在关键工装、物料和零部件上安装 RFID，生成了飞机总装线的数字孪生，这些物品只要一移动，三维工厂运行视图中的模型便跟着移动并达到新的位置，从而能够通过模型预测瓶颈、优化运行绩效。使用模型跟踪物品还有一个好处，那就是不会像摄像头一样有视线干扰，与 Photoshop 处理图片一样，可以隐藏某个物品对象，从而使位于它下面的物品显露出来。在物联网和大数据的背景下，部署这一解决方案将提升空客对整个供应链的实时感知能力。而且，如果工业制造中能够使用，那么装备保障中同样可以使用。

5G 和 Wi-Fi 6 的同台竞技

英国军工制造业在拥抱5G这方面一直走在最前面，英国国家复合材料中心就主持着英国政府最大的 5G 制造业应用研发项目——“5G 编码”，并且毋庸置疑其创始成员空客、阿古斯塔·韦斯特兰、罗·罗、GKN 航宇等航空制造企业会首先受益。与此同时，全球首个 Wi-Fi 6（第六代）的工业试验也在英国梅蒂斯航宇公司进行，让英国同时成为了这两大通信技术的试验田和交战前线。

（1）5G 项目。“5G 编码”项目将研究在工业环境中最具成本效益的 5G 部署方法，还将研究制造业专用移动网络的新业务模型，特别是使用 5G 超可靠低延迟通信监视和管理工业系统，使其拥有更快的响应能力，从而避免制造过程中的浪费。

其中，以色列Plataine公司将提供基于人工智能（AI）的工业互联网解决方案，该方案使用与传感器网络集成的 AI 数字助理，具有资产和流程的跟踪、管理和优化能力，可为员工提供预测性质量警报、有价值的可执行信息和实时的维修建议。它会自动跟踪对时间敏感的复合材料原材料（如需要低温保存的预浸料，不能长时间“暴露”在常温下），预测搬运和储存时间，并为每项工作选择最合适的材料，从而最大程度地减少浪费并确保按时完成生产。

以往，飞机结构件制造商在预浸料卷、成套设备和工装等资产的管理和跟踪方面，使用纸质的“行程文件”来处理，使用人工来计算和记录每站的剩余暴露时间。这种管理方式会导致原材料的低效使用，而且人为差错也会导致返工和报废现象，无法实时反映各种状况，也无法记录人为差错带来的影响。Plataine 与空客、GE、以色列航宇工业和 MT 航宇等军工制造商建立了合作，优化了 A350 飞机碳纤维方向舵、升降舵和机腹整流罩等复合材料构件的生产。

该方案追踪零部件、材料和工具，可以准确地监督它们在厂房内的移动情况，计算出进出存放冷库的时间，包括预浸料的保质期和暴露时间。依托工业互联网不断收集数据并进行分析，提醒员工材料接近或者超过了相关时限，或者有工具需要维修等情况。AI 数字助理还可

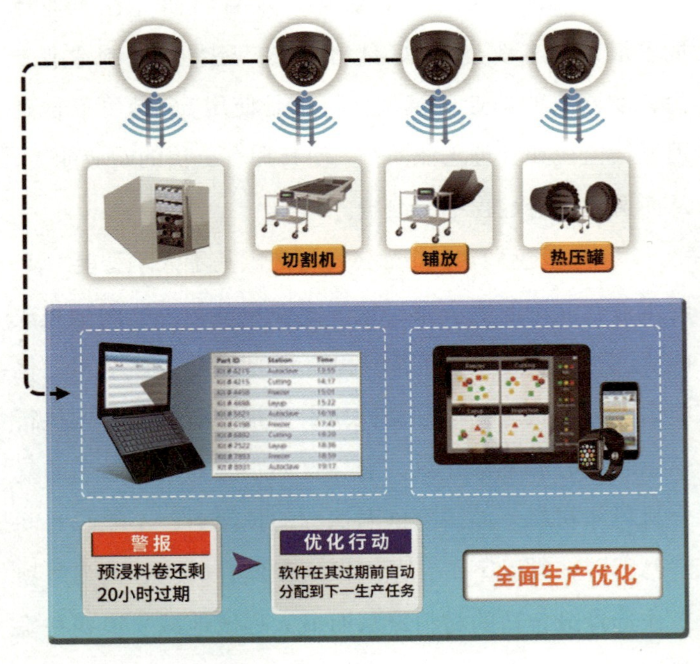

基于 AI 数字助理的复合材料全面生产优化

以让员工优化材料选择方案，尽可能减少浪费，并且提高产品质量。总之，通过部署，工厂能够全面了解追踪原材料、在制品、工具和成品的情况，减少返工，提高制造产出和整体效率。

（2）Wi-Fi 6 项目。Wi-Fi 网络我们都不陌生，与 Wi-Fi 5 相比，Wi-Fi 6 拥有更高的传输速率、更多的设备接入、更大的网络容量、更低的终端能耗、更少的硬件投资，与 5G 移动网络相似，且一些核心性能指标相近。

2019 年 12 月，全球首个 Wi-Fi 6 工业试验的第一阶段在梅蒂斯航宇的工厂中成功完成，试验包括 4K 视频流、大文件传输、消息传输和语音 / 视频通信的应用程序等。工厂内有熔炉和模压机散发出的热量，大量移动中的重型机械装备以及粉尘和微粒，对于无线通信而言是一个极具挑战性的环境。第一阶段证明了 Wi-Fi 6 技术能够在整个工厂提供完整的连接性，并能够通过集中的监测和控制系统改善机械装备和通信设备的同步。如果 Wi-Fi 6 能够在这种工厂环境中提供高度可靠、高质量和高带宽的通信，那么它几乎可以在任何地方提供这种能力，从而让生产领域中最具挑战性的环节无线化。

在试验过程中，数据传输速率达到了 700 兆比特 / 秒（下载一部 20GB 的 4K 电影 4 分钟就可以完成！），并且如视频通信和视频流这样的低时延应用程序表现良好。这说明在复杂、充满电荷的工厂环境中，存在干扰和噪声的情况下，Wi-Fi 6 基础设施可以很好地运行，并且可以提供高质量的服务来监测机械装备的性能且使其最大化，最大程度地减少停机时间并增强通信能力。Wi-Fi 6 能够收集和使用让工厂立即受益的数据，以改

无惧复杂环境高速冲浪

进制造流程、减少质量波动并提高生产效率。

这意味着一种比 5G 通信成本低廉许多、各项性能却相差不大的室内无线通信解决方案已经通过了最严苛的环境考验。当然，有利也有弊，如果是涉及室外应用的场景，那么可能还是只有 5G 能够胜任，这就是性能和成本的权衡。

在游戏中完成工作

当面对一套十分复杂的宜家家具或者有 3000 个零件的乐高玩具时，如果不停地翻看说明书，一定会效率很低且影响组装和拼搭的乐趣。但如果能够像玩游戏一样完成这些工作呢？心情可能就不一样了，错误应该也会更少，而且如果这是一个需要重复一百遍一千遍的工作，那么重复通关肯定要比罚抄作业感觉好一些。这就是增强现实（AR）对于劳动密集型制造的意义。AR 应用于装备生产环节，主要包括安装电线、组装设备、装配钻孔、质量检查等方面。

飞机中的复杂管路和长达数百千米的电线安装以及连接器插装，是目前 AR 技术应用的主战场，AR 系统通过强大的用户界面显示，能够一步步地指导工人如何安装水管、如何布线、在哪里连接电缆。波音公司曾将实习生分为三组进行电线安装，一组配有台式机和 PDF 版本的作业指导书，一组配有平板和 PDF 版本的作业指导书，另一组则采用显示在平板上的 AR 动画作业指导书。结果显示，AR 组在首次尝试电线安装时就比其他组快了 30%，且精准度要高 90%。

目前，空客 A400M 运输机的机身布线采用了空客公司开发的“月亮”系统，使用来自数字样机的三维信息生成数字化的装配指令，以智能平板为界面指导工人进行布线操作。AR 技术还迈向了零部件组装环节：波音在其加油机装配线演示了一款 AR 平板工具，机械师通过平板看到现实世界中正在组装的扭矩盒组件，并可

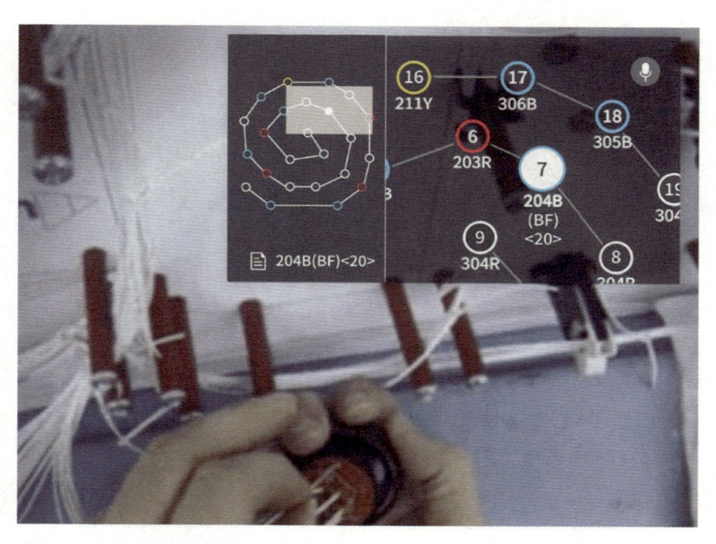

波音公司用谷歌眼镜让布线过程轻松许多

以通过增强视景技术看到指导他每一步操作的数字化作业指令、虚拟的零件和指示箭头；空客 A330 飞机座舱团队使用一种基于谷歌眼镜的 AR 可穿戴设备，能够帮助操作人员降低装配客舱座椅的复杂度，节省完成任务的时间。

装配中的钻孔环节是航空制造中最耗时的一个环节，很多情况下无法自动化，因而往往也是工人效率最低的一个环节。综合利用 AR、数字作业指导书、智能可穿戴和移动设备，以及先进的测量方法与视觉算法，能够大大提升钻孔效率。空客公司在 A400M 总装线的机翼装配对接中使用了其开发的“桑巴”AR 激光投影系统，与 CAD 软件无缝集成，利用数字样机的信息，以直接在飞机结构上投影装配工艺相关信息的方式替代原先使用的纸质模板，提升了装配工艺的执行效率和可追溯性，并且减少了生成和维护装配文件所需的时间。

空客公司还开发了让工人钻孔这个过程更加智能的

也许以后家具可以这么安装

智能工具基本原理 / 依靠视觉的嵌入式定位

嵌入操作员眼镜的高清摄像头　　嵌入操作员衣服的处理器　　嵌入式图像处理软件

智能测量工具视觉算法

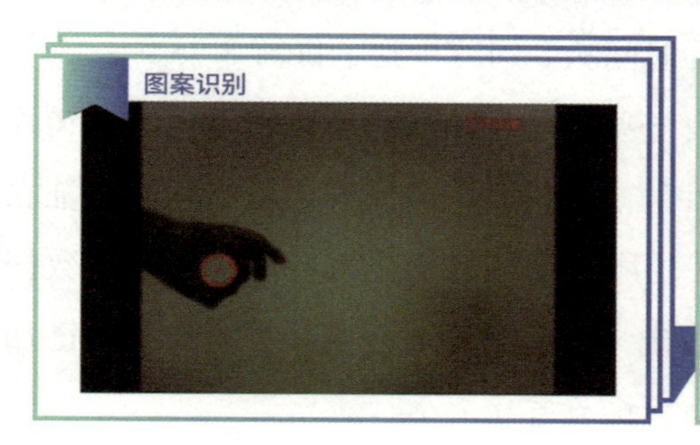

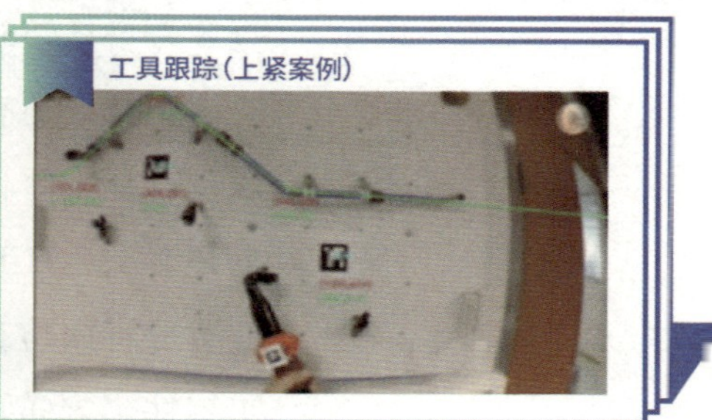

基于 AR 的智能钻孔工具

工具，整套系统由 AR 设备以及钻孔、测量、上紧和质量验证四个工具组成，AR 设备的核心部分包括嵌入操作工人眼镜的高清摄像头、嵌入操作工人衣服的处理器以及嵌入式图像处理软件。整套系统建立在具备视觉算法的工艺环境之上，每个工具都具备一系列功能，并且能够执行自动检查和校正，相关信息都将通过 AR 设备让工人知晓，以做出最佳的后续行动。

基于视觉检测的质量检查是另一个火热的应用方向，能够提升装备制造的质量保证水平。一架空客 A350 上有 6 万个托架用于定位超过 500 千米的电线以及数十个管路和液压管线，并将之连接到复合材料机身段上，检查它们的安装质量是个令人头疼的问题。目前，在空客所有运输机的生产线上，都可以看到一种空客开发的“智能增强现实工具”辅助进行质量管理。操作工人利用平板摄像头获取视觉图像，在真实操作上叠加一个数字样机，换句话说就是：工人访问飞机三维模型并将操作和安装结果与它们的原始数字设计进行对比，以检查是否有缺失、错误定位或托架损坏。在检查最后，一份报告自动生成，包括任何不合格零件的细节，使它们能够很快得到替换或修理。在 A380 机身上，它将检查 8 万个托架的时间从 3 周减少到了仅需 3 天。

此外，还有一些新的应用场景，如铸造模具、铸件以及已加工零件的缺陷检测，如果孔或槽这样的特征在创建 CAM 加工程序时被遗忘了，则可以根据建造数据在数分钟内检查出来，而不再需要重新夹紧并安装已加工零件，这样做直接节省几个小时。

已加工零件的缺陷自动检测

3.3 智能保障

——钻石恒久远

都说基因决定了人会活多久或者生什么病，对于装备来说，DNA（设计）确实决定了主要性能和大部分寿命周期成本，但是“后天”的努力还是可以补救很多“先天”的不足，这就是指保障环节，装备的“养生”“问诊”“开药”和“手术”。价值数亿美元的可重复使用装备总不可能随便就退役，B-52 轰炸机已到花甲之年还在不断升级翻新、老骥伏枥。维修、修理与大修（MRO）中的很多工作从本质上来讲其实和装备生产没有区别。本节从两个领域来看看现在和未来的保障会是什么样子：一是利用每架飞机独有的数字孪生给飞机的结构“算命”；二是将修理机库打造为智能工厂，让维修和修理过程也同样用上智能制造技术，大幅提升效率。

用地上飞的飞机“算命”

未来的飞机寿命周期管理范式将是：天上有一架正

在飞的真实飞机，地上有一架同步模拟任务环境和飞行包线的数字飞机，两者之间有数据实时传递，让地上的数字飞机可以预测哪里的结构什么时候出现裂纹，使真实飞机能够得到更好的健康管理。事实上，美国空军一直在推动精准保障，大幅提升装备的经济可承受性，这就包括“机体数字孪生”（ADT）项目。每一个机体数字孪生都是针对特定的真实飞机，反映了每架飞机独特的结构、性能、健康状态以及特定任务的特性，诸如已飞行的距离、已经历的失效、维修和修理历史。基于机体数字孪生进行特定飞机未来性能的预测性分析，得到精细的概率性假设，即在及时得到维修的情况下的预期性能，从而帮助决策者安排何时进行预防性的维修。

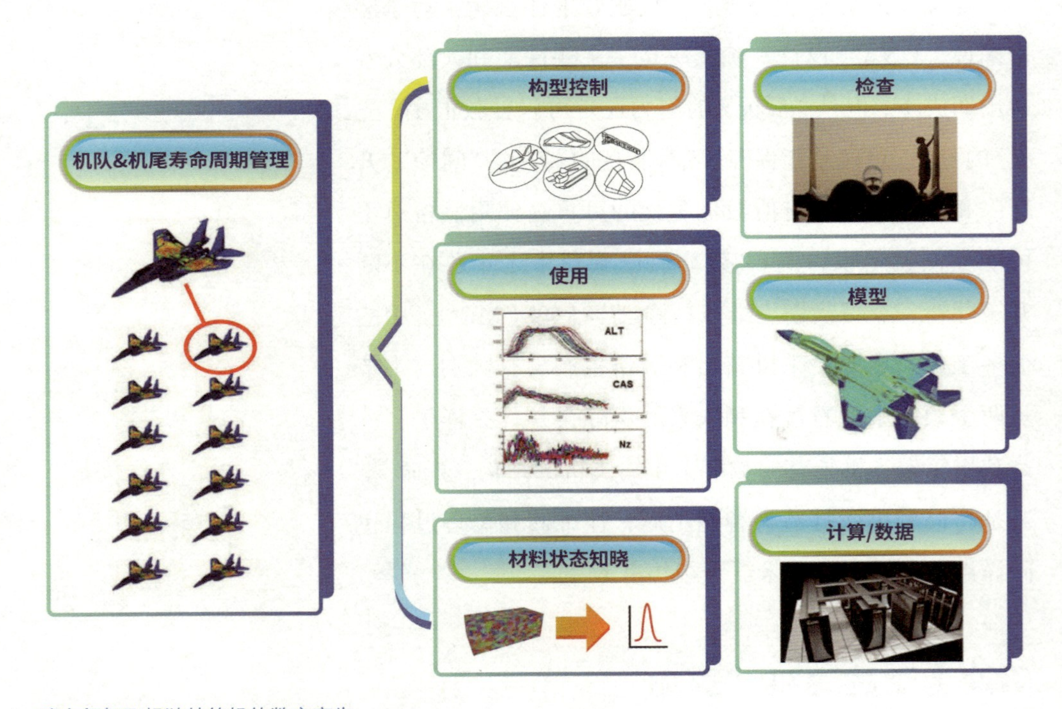

建立每架飞机独特的机体数字孪生

使用机体数字孪生“算命”的具体功能流程如下：

（1）将几何外形和材料数据以及施加的载荷和环境条件作为输入。收集来自无损检测/评价、结构健康监测和结构拆卸评估的损伤状态感知数据，以及来自结构健康监测、载荷与环境表征和结构表征、建模与试验的使用情况信息，这可包括模型信息、任务/预测/健康/失效/维修的历史数据和备件资产等内容。

（2）构建基于物理特性的多尺度、多学科数字孪生模型作为预测模型进行结构分析。

（3）输出结构响应和可靠性的范围以实现基于不确定性/概率性的决策。得到健康状态、剩余使用寿命、问题识别、受影响组件、置信度、措施建议、行动时间、更改速度、任务就绪度等一系列结果，以规划寿命增强、修理和替换等维修工作。

（4）通过预测和风险分析，如果可靠性足够，则在收集到新的损伤状态和使用情况信息时更新历史；否则进行结构修改并更新构型，未来基于下一个数字孪生版本进行分析。

美国空军研究实验室在机体数字孪生项目基础上，还开展了“概率性和预测的单个飞行器跟踪”项目，分别由诺·格公司、通用电气领衔，进一步探索数字孪生支撑的结构完整性预测。两个团队的机翼全尺寸实验验证了基于数字孪生可以提高结构诊断和预测的准确性，并且针对满足用户指定的单次飞行失效概率（SFPOF）阈值要求，相比定期检测的计划，可做出更好的维护决策。

当前，美国空军和陆军正在拆卸B-1B轰炸机、F-16战斗机和“黑鹰”直升机，以建立这些机型的机体数字孪生模型，从而基于单个飞行器的使用记录，预测结构

知识链接：

不确定性量化

不确定性量化（UQ）是量化、描述、跟踪和管理计算系统与现实世界系统中不确定性的科学，是充分利用数字线索能力的关键因素，在美国已经成为最重要的应用数学研究方向之一。不确定性是人类几万年来一直希望掌握的东西，从占卜、占星、算命到排练、演习甚至超算模拟，都是为了消除人们心中不确定的东西，将命运或者确定的结果掌握在自己手中。武器装备做高逼真度仿真太费时费钱，所以开发人员经常使用简化模型，从而引入诸多不确定因素，它们在复杂系统中相互影响，使问题变得更加严重。因此，开发人员一般依靠大量的试验来验证建模结果，于是就有了现在“设计—试验—验证—再设计—再试验—再验证”的重复过程。

美国国防高级研究计划局设立了“实现物理系统中不确定性的量化”（EQUiPS）项目，旨在改变这一过程，应对多变量复杂装备系统的开发挑战，开发全新的数学工具和方法，将概率分析学与物理特性建模相结合，预测并量化复杂系统建模与设计中的不确定性。项目关注可缩放的方法、物理特性模型的生成以及基于不确定性的设计和决策三个技术领域，重点集中在预测精度的估算方法，以实现按此方式对复杂航空航天器、战车和舰船进行首次原型建造与试验，这也是美国空军机体数字孪生应用的重要基础。

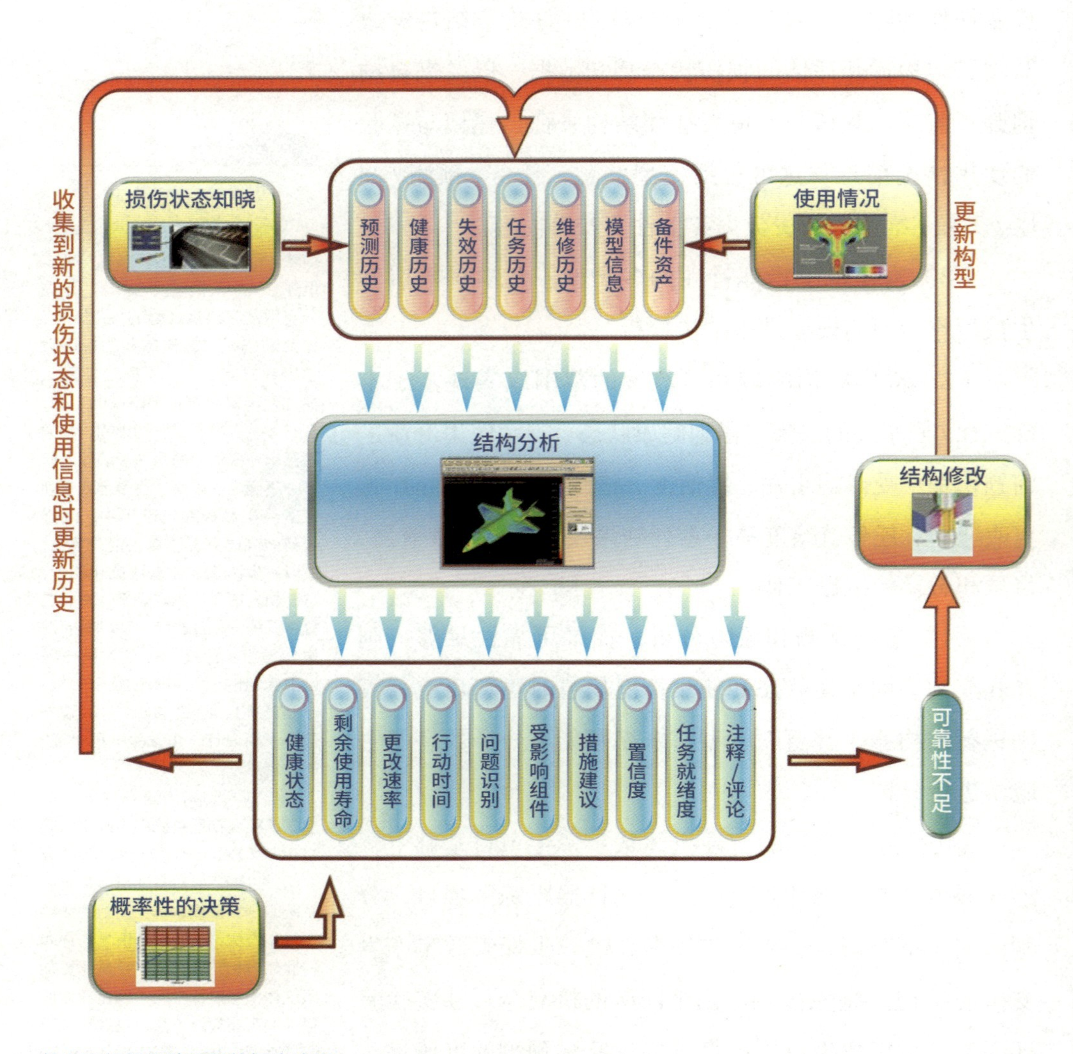

单个飞行器跟踪项目的概念流程

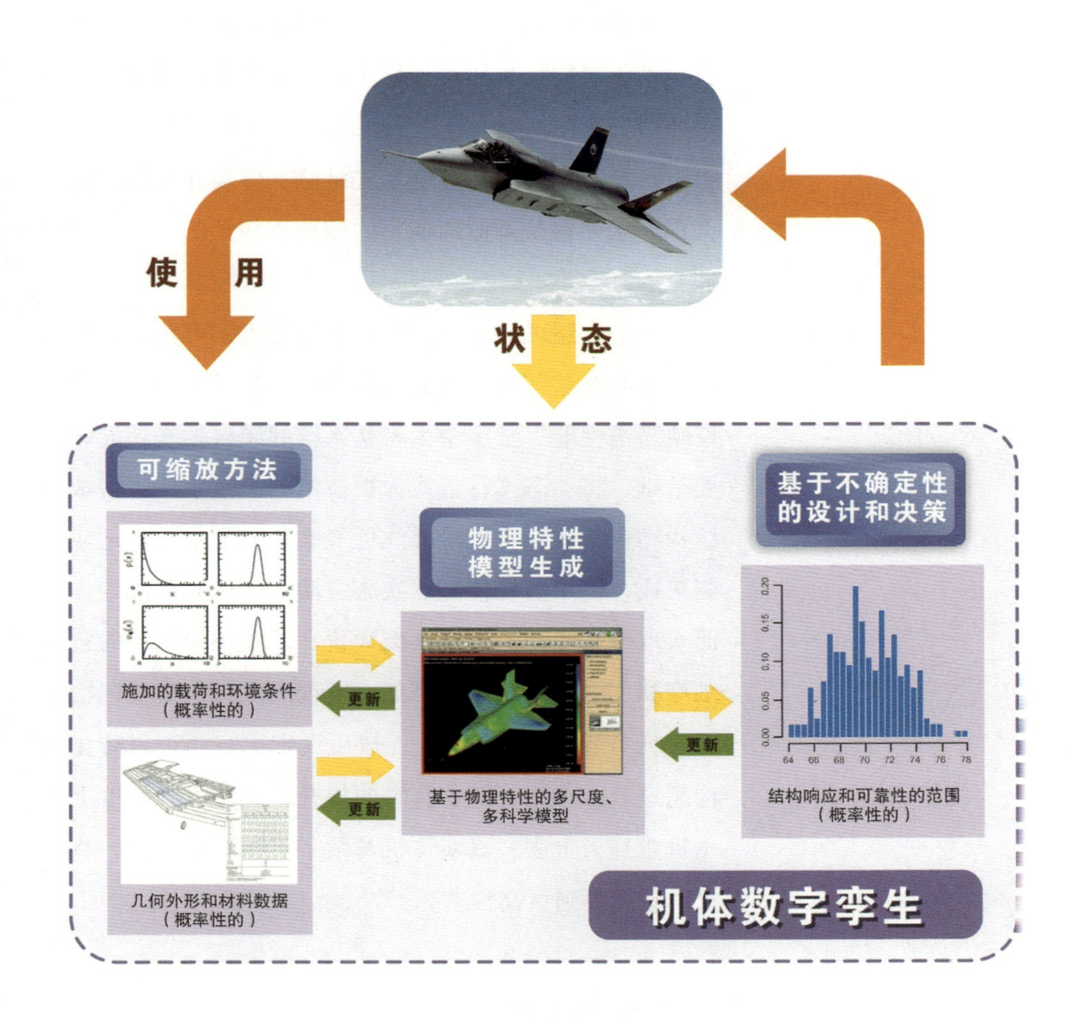

项目愿景与机体数字孪生应用

组件何时到达寿命期限，调整结构检查、修改、大修和替换的时间。未来，基于数字孪生的飞行器寿命周期管理将是基于预测的、综合化、个性化和预防性的：维修将是基于对结构损伤和损伤先兆的早期识别，每架飞行器的历史数据都对操作人员、维修人员和工程人员开放，可以针对每架飞行器定制预先维修、修理和大修方案，大部分工作将是寿命周期中的结构损伤预测、预防和管理。

未来，还可能出现一种自知晓飞机，可获知自身性能，实时调整行为，以完成指派的任务或者修改任务以反映当前性能。数字孪生将是系统健康自知晓功能的重要基础，将动态飞行包线保护技术与由数字孪生生成的结构约束集成，将实时非线性气动力学模型与自适应控制集成，使用前视传感器实施主动式阵风载荷减缓，从而实现数据驱动的飞机性能评价，以及结构系统的自主维修和实时安全维护。例如，发现离散损伤并反馈给自适应任务管理/控制系统，然后设定飞行约束以防止结构超过载。未来，随着算力的提升，确实可以把地上的飞机搬到天上去，真实飞机与数字飞机真正融合，将飞机的智能提到更高程度。

机库也是智能工厂

美军以及国防制造商正在研究将智能制造由生产领域向保障领域推广，充分利用三类核心技术簇——数字工程技术、赛博物理生产系统技术、智能人工增强技术。

美国莱特·帕特森空军基地正在建设一个新的机库，但是该机库不是由钢筋和混凝土制成，而是由二进制数字的 1 和 0 组成。这个“数字机库”是一个包含空军装备数字孪生的虚拟数据仓库，支撑空军发现、开发和交付可革新下一代飞行器的能力，以及经济可承受的保障和增强机队的技术。数字机库将开发空军装备的数字孪生，它们包含高价值的设计信息，将为空军各个组织的决策提供依据。总之，在智能制造模式下，通过数字工程，包含数字工厂在内的整个工厂实际上越来越“软”，

你总能看到更多隐藏的细节

那么机库也会是这样，数字机库已经呼之欲出。

工业机器人在狭小空间装配中正成为主力，并且这一特征也助力它们进入装备维修领域。以往，当军用机库或现场人员对难以到达的航空组件（如飞机机翼内部）执行例行检查时，他们首先要移除机翼，然后移除机翼内的额外结构，以便检查人员能用特制的设备够到那里。而灵巧机械臂可以伸到狭小空间内进行查看，从而不需要移除机翼来执行检查。美国空军研究实验室演示了一

款柔性、蛇形臂机器人——远程进入无损评价系统。该系统非常轻便，维修人员可以用小车推到检查区域快速安装，移除必需的外部检查面板并让机械臂通过检查孔就可使用，这一简化的流程减少了维护时间，消除了检查准备工作导致结构损伤的可能性。罗·罗公司 2018 年展示了像瓢虫一样的微型机器人，可以爬入发动机内部，自行检查损伤情况并去除所有碎片，变革发动机的维修方式。

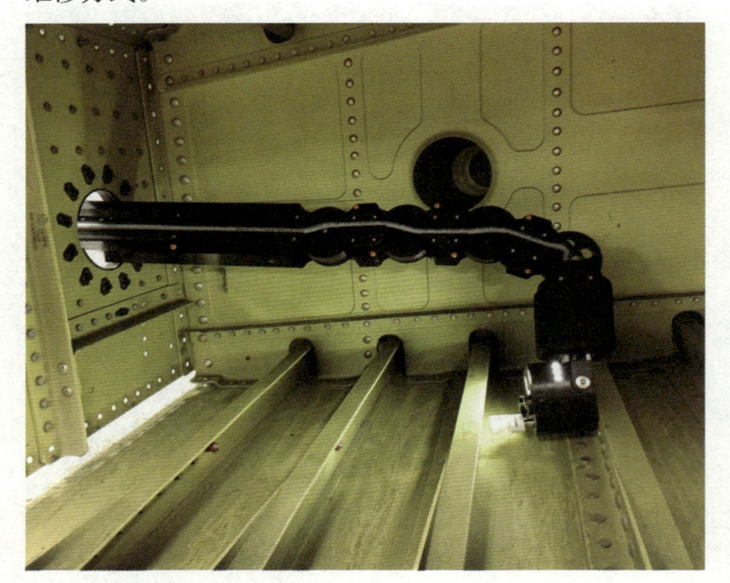

灵巧的蛇形机械臂

除了狭小空间检查，去除飞机涂层也将用上灵巧机械臂，美国空军研究实验室展示了一种新的机器人系统——面向敏捷航空航天应用的先进自动化机器人 A5。A5 安装在一个移动平台上，便于在飞机周围移动，可在有限空间内完成车间维修作业。它采用传感器反馈，借助传感器收集的数据形成路径规划，指导维修作业，不再需要对系统进行重新编程，将使飞机涂层去除时间减少 50%。

机器人能喷漆也能除漆

此外，普·惠公司在新加坡航空航天零部件中心引入了一种自动夹具系统，使用12臂机器人来代替用于管道维修的手动夹具，这在业内尚属首次；普·惠公司零部件解决方案中心正在采用一种全自动的机器人装载工艺，将数控机床与协作机器人结合在一起，从而实现7天 ×24 小时的无人工监督操作。

对维修保障人员进行训练和指导也成为了虚拟现实（VR）和增强现实（AR）技术的重要方向。VR/AR 可以在早期进行虚拟确认并培训拆解、维修和组装程序，实时指导维修，节省可观的维修成本。利用 AR 不仅可以指导维修人员按步骤实施维修，还能够精确定位不直接可见的零件并将其可视化，从而确认要进行测试的零件并将之修理或替换。此外，AR 与数字孪生的结合，还将进一步提升现场实时维护能力。维修人员可使用 AR 眼镜在现场访问数字孪生，从而获知飞行器维修历史、可以与计划维修活动一同执行的额外行动清单。维护人员的活动被记录并更新到下一个数字孪生版本中，未来的维护人员可以在任何地点及时看到一架飞行器相关的已完成活动流，以优化持续保障活动。

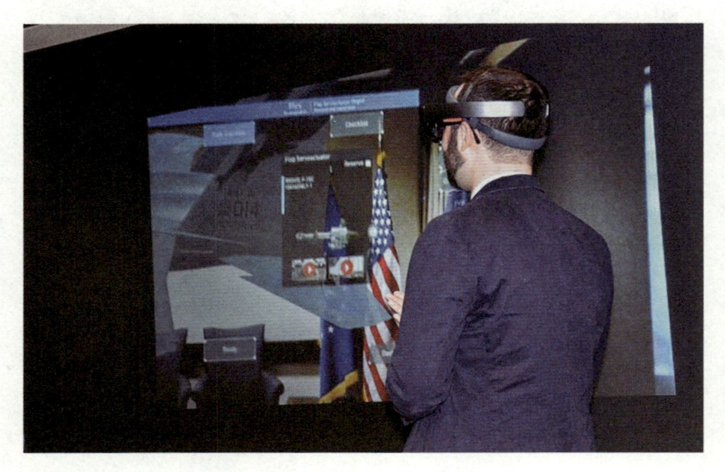

美国空军人员查看 F-15C 数字孪生

洛·马公司正在使用基于 AR 眼镜的平台加速 F-22 和 F-35 的维修过程，检测员能够通过眼镜看到投影于战斗机上的零件编号和计划，在飞机旁边就可以记录要修理的区域，减少操作错误。来自每个维修人员的新数据可以在平台上共享，由系统分析并集成来自每架战斗机的信息，以实施故障预测与维护规划。该平台能够让维修人员的工作速度提高 30%，操作精度上升 96%。

每个叶片上都会显示丰富信息

第 4 章

大国已明道

——工业强国齐发力

智能制造是什么，各国众说纷纭，但是智能制造搞什么，怎么搞，那些工业强国还是研究得很明白的，我们回过头来再画画重点。美欧工业强国的创新链运行良好，学术界和工业界的创新界面清晰，政府大力支持竞争前技术的联合开发和依法共享，鼓励学术界和工业界按照知识产权合理划分收益。这些技术一般来说就是行业共性基础技术，它们都是天生的军民两用技术，工业强国就是在这里齐发力，让基础研究和应用研究跨越创新“死亡之谷”。

4.1 美国
——军方和军工来主导

美军向来是黑科技的摇篮，国防部一家的科研经费就占到美国联邦科研总经费的一半，航空航天又是美国实体经济中贸易顺差的最大来源，基本也占了一半多，由军方和军工行业主导智能制造发展似乎顺理成章。美军又是世界上最有钱的客户，其需求和做法，实际上推动和引领了复杂系统智能制造的发展。美国各军种还拥有大批研究制造技术和智能制造的科研人员，美国国防部在发展智能制造上的一些思路和措施，对我们来说是有借鉴价值的。

军民一体大搞智能制造

为实现实体经济复兴、重塑高端制造业，从2011年起，美国连续发布《确保美国先进制造的领先地位》《国家先进制造战略规划》《赢得本国先进制造竞争优势》等战略性文件，智能制造均作为重要内容。为“确保美国竞争力”“振兴美国制造业基础”和“确保新一轮工业革命发生在美国”，美国政府成立了国家先进制造项目办公室，实施了“先进制造伙伴”等多项计划，期望通过政府(包括军方)、高校、研究所及企业的合作，发展机器人、先进传感/控制系统、可视化/数字化制造等智能制造关键技术，加强赛博物理系统软件开发和工业互联网平台建设。其中一个最重要的军民一体智能制造计划就是“国家制造创新网络”。

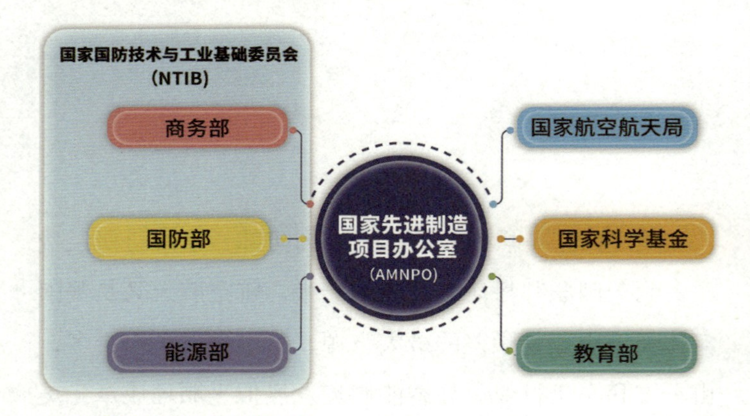

美国国家先进制造项目办公室

2012年，奥巴马政府宣布实施“国家制造创新网络”计划，举全国之力，联合政府、工业界、学术界的优势资源，组建15家公私合作（PPP）的制造创新机构，打造辐射全美的协同创新体系，面向国家安全和经济发展需求，加速前沿技术研发和成果转化。目前已组建的16家制造创新机构中有8家由国防部牵头组建，其中数字制造与设计创新机构、先进机器人制造创新机构直接以装备智能制造关键技术研发推广为主攻方向，它们既服务于武器装备建设需求，又引领全国智能制造发展，国防部和军事工业成为美国国家智能制造发展的领跑者。特朗普上任以后清算了一系列奥巴马的政治遗产，但这一计划始终走势良好，充分说明这一模式已经取得了显著的成效。甚至，还在2020年比原定多建了1家制造中的赛博安全创新机构，这简直就是在帮奥巴马完成心愿。

数字制造与设计创新机构（后更名为M×D，即“制造 × 数字”）于2014年由奥巴马亲自宣布成立。机构主要研究产品全寿命周期中数字化模型和数据的交换，以及在供应链网络间的流动，当前的四大技术领域是数字工程、增强现实、智能机床以及制造中的赛博安全。通用电气依托美国国防高级研究计划局“运载器自适应制造”计划的成果，建立了一个在线的数字制造社区，支持共享在机构内部生成的知识、信息和工具。社区像一个手机应用商店那样运行，制造商使用各类在线APP来解决问题或使工作更高效，可能洛·马公司在开发新工艺时遇到一个难题，发现西门子公司或者一家名不见经传的初创企业早就开发了成熟的解决方案，甚好！如果该工艺最终不用于生产，人们甚至不需要为这个小软件付费，美国企业特别看重这种脑力劳动成果，他们肯为一个几十兆大小的APP支付几十万美元。

美国总统亲自宣布这家机构成立

国防智能制造从娃娃抓起

先进机器人制造创新机构于2017年成立，目标是建立协作机器人领域的技术优势，实现机器人之间、机器人与人类无缝、安全地协同工作。机构关注6个技术领域，包括协作机器人总体设计、机器人控制与学习、灵巧操作、自主导航与机动、洞察与感知，以及测试、验证和确认。值得注意的是，数字制造与设计机构也成为了该机构的会员，共同致力于先进机器人在各领域的应用。该机构还致力于促进机器人领域的大中小学教育与劳动力培训，如支持全球知名的FIRST（启发和认识科技）机器人竞赛。没错！从娃娃开始培育国防智能制造人才。

空军设计未来工厂

2012年，美国空军提出下一代敏捷制造技术计划，其中一个重要的专题就是未来工厂。下一代敏捷制造计划针对持续变化的采办环境，旨在使空军设计、制造和持续保障武器装备的方式发生转型，未来工厂的设想就是支持这种转型。未来工厂是能够持续适应急速变化且越发复杂的作战需求，并做出快速响应的制造设施，能够快速转化新技术和创新的工艺，以小批量生产各种定制产品，利用规模化生产的效率和定制化制造的柔性，同时通过数字线索不断获取信息，实现分布式的工厂运行。可以说，无论是面向未来作战还是面向未来制造，

智能外骨骼成就“钢铁侠”

美国空军很早就已经在考虑快速提供灵活、分布式的能力了。该专题的 4 个子专题是：先进自动化，工厂 C^3（指挥、控制、通信），柔性、可重构的工厂基础设施，新兴工艺探索。

“先进自动化”子专题旨在构建柔性和可重构的自动化系统，助力工人，共同工作——注意这里不是换掉工人，而是人机协作，有人 / 无人协同这一点很重要。远期目标包括：开发成本像汽车制造型机器人那么低，但是满足航空航天精度要求的机器人，能够完成多功能的自动化工艺，并且由机器增强人类的体力和信息获取能力（也许是要量产钢铁侠）。核心方向包括：用于精确定位的耐用的传感与测量装置，智能、可互换的机器人末端执行器，自适应控制（基于云的机器人操作系统），自动化的物料装卸 / 运输，增强工人对环境的感知，增强现实，与现有工厂系统无缝集成等。与作战对比一下，很像一个先进战场科技的翻版。

“工厂 C^3”子专题旨在构建无所不知、无所不能的“天眼”，洞察工厂所有活动与资源——这就是 ISR（Intelligence, Surveillance, and Reconnaissance）吧。远期目标包括：让仪器仪表遍布工厂并彼此连通，通过数字线索，实现对工艺的实时监测和自修正、工艺的动态调度和维护，从而使工厂能够自主化运行。核心方向包括：可靠的机床和工艺传感器与增强的控制软件，耐用的工厂无线通信基础设施，与现有工厂控制系统（如企业资源规划（ERP）、制造执行系统（MES）、制造管理系统（MOM）等）的集成，由经验数据驱动的工厂建模与仿真，支持所有工艺、即插即用的物理接口和功能架构。

“柔性、可重构的工厂基础设施”子专题旨在构建生产、修理和维护的全美赛车协会生产服务（NASCAR）模式，即开发模块化和可重用的工装/夹具/型架/工艺，能够快速重构以响应高度混合（如多品种、变批量）的生产要求，同时避免数额大与准备时间长的投资——想象F1赛车几秒钟就能完成换胎。远期目标包括：把关注点从个别工艺移到整个产品，消除对昂贵、定制工装/夹具/型架/工艺的依赖（这样就可以在前线快速生产无人机蜂群了）。核心方向包括：面向工装和夹具的标准模块化，可自定位的装配特征，在局部与全局坐标系内面向特征快速定位的精确测量，模型驱动的设施重构，从“数字线索”获取产品构建信息，向完全无工装、无夹具的制造演变。

未来工厂各子专题

“新兴工艺探索”子专题旨在加速采用颠覆性制造工艺。远期目标包括：以最少的废料和最短的周期，快速生产先进产品，并且与已有工艺相比具备价值竞争力。核心方向包括：可预测的工艺模型和工厂运行模型，闭环控制系统，面向生产的耐用、可靠、可重复的工艺和材料（聚合物、金属、纳米、新兴混合材料），增材制造与常规工艺的集成，机械装置、装配件、嵌入式组件和多功能系统的直接制造，电子器件的直写工艺（一种电子 3D 打印），无掩膜电子制造，基于生物和纳米尺度的加工，由来自数字线索的数据驱动的制造。

持续探索颠覆旧模式

美军对武器装备的需求是一贯明确的——以“更少”（时间和成本）实现“更好”（性能和质量）。美军自己认为的第四次工业革命，核心是数字工程。美军版工业 4.0 有几大特征，即模型贯穿（寿命周期）、数据驱动（分析决策）、网络中心（感知传递）、智能协同（研发制造）。重点是：全面实施的以模型为中心的技术和管理流程，从需求论证到退役/改型（或者说是从摇篮到坟墓、从摇篮到摇篮）的数据无缝双向传递，制造系统中泛在的 C^4ISR（指挥、控制、通信、计算、情报、监视、侦察），柔性的自主化运行与有人/无人协同，注意这里不是无人机而是工业机器人。有意思的是，这些特征将更复杂的作战理念引入了制造场景中，形成了典型的未来工厂运行图像。

美军要建立数字工程生态系统实施采办转型，这种数字采办流程自下而上三层嵌套：底层是技术数据和工程知识管理系统，包括工程标准、需求数据、设计和制造数据、试验数据、供应数据、使用数据、维护数据、工程能力数据等数据库以及模型库；顶层是国防采办系统，包括采办里程碑决策，系统工程技术评审，项目成本分析、需求论证、成本 / 进度 / 性能权衡；中间层是贯穿数字工程生态系统的纽带，核心是跨生命周期的数字系统模型、数字线索和数字孪生，将装备系统的多领域（气动 / 结构 / 机械 / 电气等）、多物理特性、多层级仿真分析工具集成，利用技术数据和工程知识以及装备系统的权威数字化表达，对成本、进度和性能、经济可承受性、风险以及风险缓解策略进行分析，支撑国防采办。

数字工程生态系统支持的采办流程

其中，美国国防高级研究计划局对颠覆未来设计制造模式的考虑是系统性、基础性和前沿性并举的，运载器自适应制造计划就是一例。不过，他们探索的很多技术可能最终不会真正得到进一步开发和实际应用，但是其创新的想法和理念，以及一些关键成果的孵化，仍然可能给未来带来巨大的影响。下面再列举三个：

（1）开放式制造计划。材料与工艺在制造过程中的不确定性问题是武器装备研发、测试及前期生产成本增加、进度延迟的主要原因之一。诺·格公司为了将F-35上的一个零件生产方法替换为增材制造，生产了1500个样件才完善了该零件的设计和工艺，但估计也只有F-35这种体量的项目支撑得起这样做。该计划旨在通过创建一个开放式系统架构，实现概率计算工具、数据分析手段、快速合格鉴定方法等的集成应用，进一步减少物理试验、加速鉴定，降低新型制造技术的风险，快速、低成本地交付高质量、高性能的武器装备。试想如果以后美军六代机再开发一个增材制造零件只需要生产15个样件，那效率……

（2）生命代工厂计划。生命代工厂是将生物作为源泉来制造新材料、新结构、新系统的方法，所涉及的物质复杂度远超常规物理、化学制造方式，所制造出的新产品将具备超越单纯生命与非生命物质能力极限的性能。研究重点包括基础计算平台建设，生物体设计创新工具开发，可扩展、自动化、高通量的遗传设计流程构建，先进的设计评价反馈工具等。该计划已经开发出了一个新型生物合成计算机软件系统，可将生物合成时间从原来的1个月缩短到1天；建立了大规模DNA组装新方法，将体外准确装配的DNA片段数由此前的最高10个提高到 20 个，错误率降低到原来的四分之一；实现了将多种新生物制品设计、工程和生产速度提高 7.5 倍。这东西看上去就很厉害，如果以后美军搞出了类似于科幻片中的那种类似外星生物体的装甲、战车甚至飞船……

（3）面向高效科学仿真的加速计算（ACCESS）项目。未来设计制造模式的颠覆依赖仿真能力的提升，该项目旨在应对当前超级计算机面临的物理系统与二进制信息形式之间信息转换的瓶颈，开发一种新型混合计算架构，探索解决多尺度偏微分方程描述复杂物理系统的问题。这种架构能够以可缩放方式仿真这些复杂系统，使台式计算机也可以实现上万亿次或更高的计算能力，将复杂物理系统的仿真计算时间从数周或数个月缩短为数小时。这一点很可怕，如果从水下发射超高速飞行器这一如此复杂的过程，用个笔记本电脑几天就弄明白了，武器装备的研发效率将极大增加。

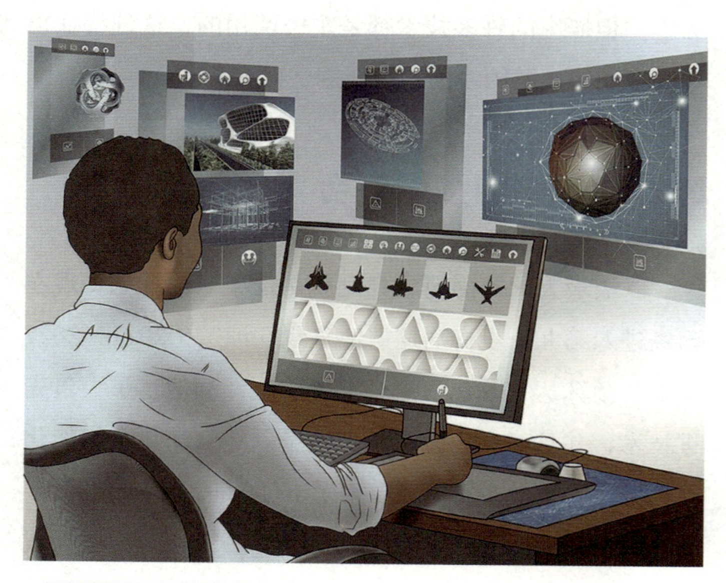

一切都为了快速研发出装备

4.2 欧洲
—— 多国联合以民为主

欧洲是发展智能制造最积极的地区，就像很多武器装备都是多国联合研制生产的一样，数十个国家组成的欧盟也推出了一系列推进智能制造的跨国计划，欧盟框架研究计划就是一个。虽然欧盟层面的计划以民用领域为主，但研究的许多技术都是军民两用的，这种特征也体现在德国、英国等国的智能制造研究中。

欧盟愿景中的强强联合

欧盟最大的跨国研究计划就是框架研究计划，现在已经进入第九个投资周期“地平线欧洲”（2021—2027年），预算达955亿欧元。框架研究计划催生了大量先进技术，并且面向智能工厂和航空制造自动化、智能化等领域设立了众多专项，取得了丰厚的联合研究成果。

框架研究计划中旨在开发下一代机翼生产线的“复合材料和混合结构的低成本制造与装配”

（LOCOMACHS）项目，总投资高达3300万欧元。该项目设立了12个研究主题，其中众多与智能制造创新有关，例如新型高速自动化无损检测技术、难进入部位的紧凑型自动化装配、装配过程中的自动化与人协作、间隙和短距离的自动化测量方案、孔的高速非接触自动化检测技术、创新的智能钻孔方案、增材制造填充缝隙技术等。该项目将这些技术开发到技术成熟度等级（TRL）6级，推动了相关参与方的应用，这无疑将增强这些企业甚至国家的军民用产品智能制造水平。

研究机器人与人协作安装翼肋

欧盟“未来工厂”计划于2009年启动，旨在支持先进生产技术的研究、开发与创新，确保欧洲处于全球制造业的最前沿。该计划是欧盟在智能制造领域投资最大的一个独立计划，连续在两个“框架计划”中获得支持，汇集了上千家知名工业企业、研究机构和协会。为指导计划的实施，欧盟研究制定了《未来工厂2020路线图》，智能制造在其中占据了核心位置。

为打造未来工厂，该计划关注了6个重点领域，这些领域是逐层递进的，把工人与用户同时纳入进来：①先进制造工艺，着眼面向智能制造的创新工艺，同时也是工艺智能化的结果；②自适应和智能制造系统，着眼智能化的制造单元和生产线，以智能机器人和机床为代表；③数字化、虚拟和资源高效利用的工厂，着眼工厂的智能化运行，从设计到维修的全寿命周期管理；④合作与移动的企业，着眼互联的智能企业，将智能化向供应链扩展；⑤以人为本的制造，着眼智能制造中的劳动力，建立人在生产和工厂中的全新定位；⑥聚焦用户的制造，着眼智能制造中的用户，将制造转变为基于产品的服务。

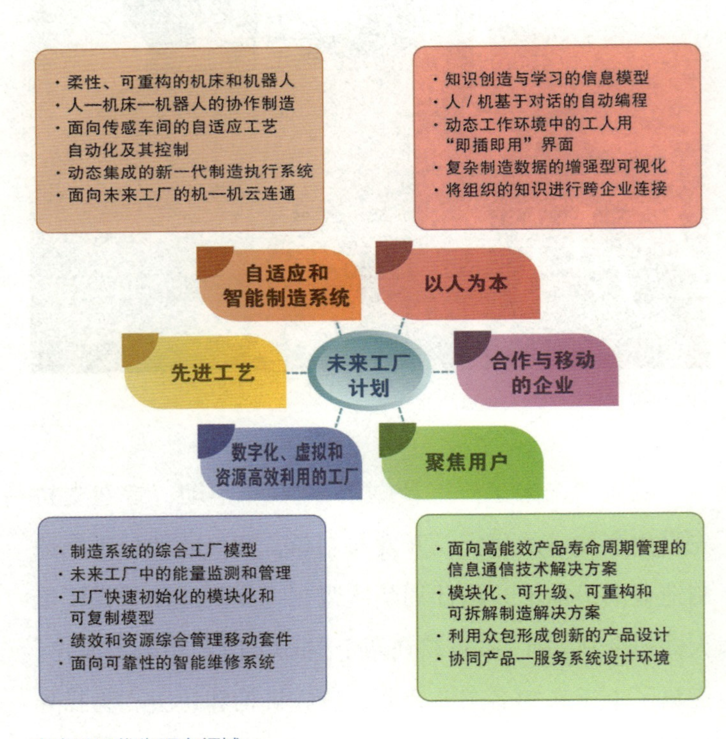

未来工厂优先研究领域

此外，为了打破欧盟境内的数字市场壁垒，欧盟委员会于2015年公布了“单一数字市场”战略，以改进数字商品和服务的用户体验，塑造数字网络和服务的发展环境，形成可持续发展的欧洲数字经济社会。战略提出了组件与系统、数字基础设施、新兴技术、信息通信技术创新和机器人5个研究与创新主题。其中，组件与系统主题提出了先进计算、赛博物理系统、电子器件、有机和大幅面电子器件、光子器件、智能制造（即未来工厂）6个方向。欧盟希望帮助所有工业部门集成新技术，管理向智能工业系统转型的过程，智能工业系统将在未来工厂的日常运行中将扮演越来越重要的作用。该战略实际上将欧盟“未来工厂”计划和“工业4.0”计划等国家战略相统一，对加快制造业数字化、智能化的整体发展具有重要意义。

网络化创新的德国战车

“工业4.0”已经成为众多国家畅谈未来工业发展的代名词，德国也成为了智能制造的标杆。“工业4.0”计划是德国2012年正式启动的“德国高技术2020战略”（后更新为“德国创新——高技术新战略”）行动计划列出的十大“未来计划”之一，参与者包括代表德国教育与研究部的德国国家科学与工程院、德国人工智能研究中心（DFKI）、弗劳恩霍夫等科研机构以及德国领先的工业和软件企业。德国建立了“工业4.0平台”组织，由德国信息技术、通信和新媒体协会、德国机械设备制造业联合会以及德国电气和电子工业联合会三个专业协会共同建立秘书处，共同推进相关研究。近年来，德国开始加快推进数字化，发展更广阔的数字经济，并制定了一系列政策措施。不论是2014年出台的《数字议程》还是2016年发布的《数字战略2025》，都强调为工业4.0体系建设提供长久动力，帮助企业推行工业4.0，成为世界上最现代化的工业基地。

为什么说德国是网络化创新呢？一是创新技术本身，工业4.0技术是从赛博物理系统的角度，强调进一步发展设备互联和网络化智能制造；二是创新模式，德国借助著名的“弗劳恩霍夫”等创新网络，将工业4.0技术开发和应用推广做到极致。目前，各国公认的工业4.0九大支撑技术包括大数据和分析学、自主机器人、仿真、水平和垂直的系统集成、工业互联网、赛博安全、云计算、增材制造和增强现实。本节选取一个网络化技术集成计划和一个智能制造技术创新网络来展现德国围绕工业4.0的智能制造创新。

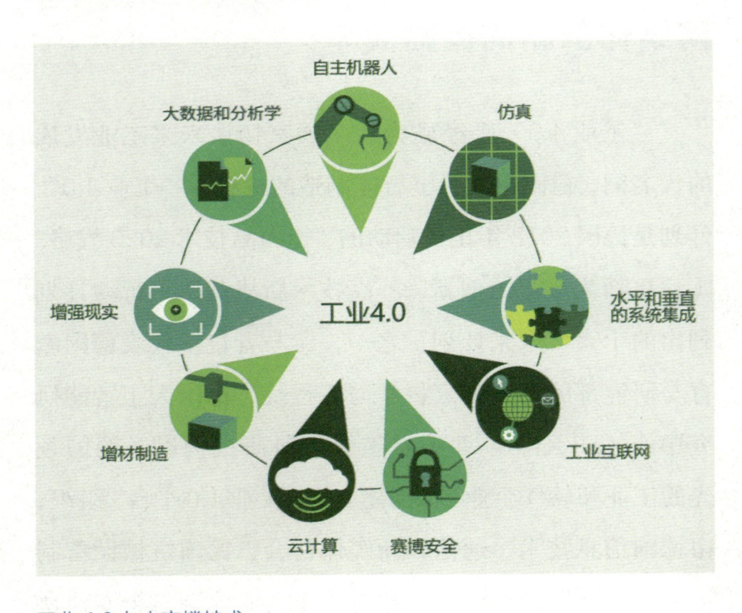

工业4.0九大支撑技术

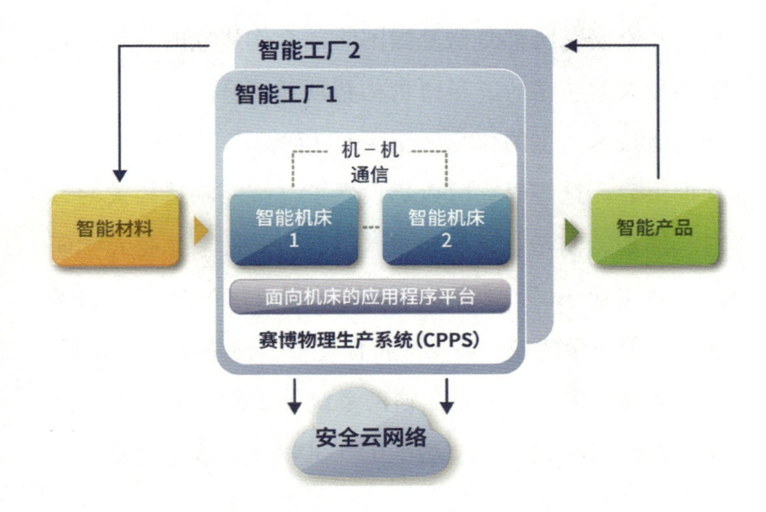

工业 4.0 智能工厂流水线

“智能工厂”计划是一个独立的制造演示验证与研究平台，将工厂自动化与复杂的信息技术集成，让未来工厂的运行变得更柔性和更高效。该计划由欧盟、德国教育与研究部等共同发起，参与者包括弗劳恩霍夫以及西门子、博世、费斯托、哈挺、约翰·迪尔、思科、华为等知名的工业控制和信息通信技术企业。智能工厂平台是一个位于德国人工智能研究中心的混合式验证工厂，具备各种功能的电气化设备柔性地连接到生产网络，无线通信系统运行在工厂内和全部控制层级中，以直观和可访问的方式演示着工业 4.0 的关键应用，并可以从一件到批量地生产定制化产品。赛博物理系统（CPS）将虚拟与现实世界融合，以及随之而来的技术过程与商业过程的交融，在生产系统中部署 CPS 构成赛博物理生产系统（CPPS）是智能工厂的本源，这些都通过该计划得到了最好的诠释。

德国弗劳恩霍夫应用研究促进协会成立于1949年，最早几家研究所都是与德国国防部合作建立的，现在是欧洲最大的应用研究科研机构和创新网络。其中，以生产制造技术为主的研究所至少有17家。“工业4.0”计划推出后，这些研究所大都设立了与智能制造相关的方向。例如，制造技术研究所（IPT）和亚琛工业大学研究了“工业4.0”概念下，通过微观尺度的分子动力学建模、运动学建模、多物理特性建模、传感器、大数据、高速/云计算、人机交互辅助系统等手段，提升普·惠发动机高压涡轮叶片、高压压气机叶片、减速齿轮等关键难加工零件的数控加工质量和效率。生产技术和自动化研究所（IPA）创建了一个全新的创新环境——工业4.0应用中心，联合空客、奥地利FACC和库卡等公司，在欧盟框架研究计划“工业用先进协作机器人验证”项目下，开发了可在工厂中自由移动、与人协作的12自由度多功能装配机器人。

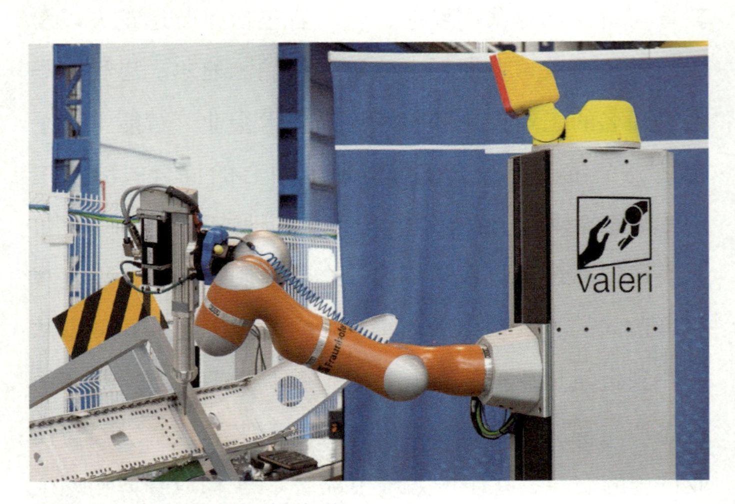

先进协作机器人，看图标就很智能

不甘落后的英国“弹射器”

英国是世界上第一个爆发工业革命的国家，有“现代工业革命的摇篮”和“世界工厂”之称，工业4.0时代，在航空航天、信息通信等先进制造业以及智能制造的发展上，英国肯定不甘落后。2008年起，英国政府推出“高价值制造”战略，鼓励英国企业在本土生产更多世界级的高附加值产品，促进企业实现从概念到商业化整个过程的创新。

2011年，7家已运行多年的研究与创新中心被选为高价值制造弹射中心得到重点资助，与各类规模的企业共同为技术概念和商业化之间搭建桥梁，加速其创新应用，它们分别是先进制造研究中心、先进成形研究中心、制造技术中心、国家复合材料中心、流程创新中心、核先进制造研究中心、沃里克制造集团弹射中心。高价值制造弹射中心提供多个制造领域的技术创新和规模化能力，包括先进装配、自动化、铸造、复合材料、设计、数字制造、电子、连接、加工、材料表征、计量测量、建模与仿真、净成型和增材制造、粉末技术、资源高效和可持续的制造、工装和夹具、可视化和虚拟现实。这些中心都在研究各自领域的智能制造应用，而且它们的创始和高级成员有大量军工企业，这些成果将转化到军工产品设计制造中，本节简要介绍其中三家。

（1）先进制造研究中心（AMRC）。2001年由谢菲尔德大学与波音公司联合成立，是波音研究中心全球网络的一部分，因此又称谢菲尔德大学 - 波音 AMRC，成员包括波音、罗·罗、BAE系统公司和梅西埃—比加蒂—道蒂等。2008年AMRC开设了罗·罗未来工厂，

2015 年建成了“工厂 2050”，这是英国首个完全可重构的装配和组件制造设施，波音和西门子在此实践其工业 4.0 理念。AMRC 联合库卡开发的双机器人锪孔单元已应用于 F-35 制造，BAE 也将在其帮助下在“台风”和 F-35 生产中采用协作机器人。

（2）制造技术中心（MTC）。2010 年成立，高级成员多为军工制造相关企业，如罗·罗、空客、GE、BAE 系统、GKN 航宇等。MTC 的技术领域包括 3 大类：装配系统——先进工装夹具、电子制造、智能自动化；组件制造系统——高完整性制造、净成型与增材制造、非常规加工；数据系统——计量与无损检测、制造信息学、制造仿真。

（3）国家复合材料中心（NCC）。2009 年成立，5 家创始成员分别是空客、阿古斯塔·韦斯特兰（现为意大利李奥纳多子公司）、罗·罗、GKN 航宇和维斯塔斯风电，4 大能力是：先进复合材料制造，设计和仿真，数字制造、自动化与工装，材料与工艺。欧盟清洁天空计划“明日之翼”项目的先进复合材料智能制造基础设施就建在这里。2020 年 2 月，英国政府最大的 5G 制造业应用研发项目“5G 编码”落户 NCC，将探索 5G+VR/AR 的培训和维修、5G+RFID 的关键资产实时跟踪、5G+AI 的工业系统监视和管理这三个工业用例。5G 赋能、AI 助力、AR 加持的未来航空复合材料智能制造，将有望在英国率先实现，并进一步在全球军工制造领域掀起 5G 智能制造革命。

英国国家复合材料中心将成为英国最大的 5G 技术制造业试验平台

4.3 周边国家
—— 有的放矢各具特色

在“工业 4.0”时代，面对美欧的竞争，俄罗斯、日本和韩国三个制造强国也加紧智能制造模式转型，俄罗斯从数字化补课开始全面发展，日本仍是机器人，韩国则充分利用其信息通信技术优势，对我们来说既有一定借鉴价值，又可寻求优势互补。

拥抱数字空间的俄罗斯

“傻、大、笨、粗”曾经是我们对苏联工业产品的印象，进入“工业 4.0”时代，包括军工在内的俄罗斯制造业也在努力向精细化和智能化转型。数字化可以实现对产品的精确定义和仿真，以及对生产过程的精准预测和控制，因此也是俄罗斯转型的首要聚焦领域。俄罗斯军工制造业正在努力建立综合的软硬件平台，将生产准备系统、生产管理系统和资金管理系统的功能集中，同时确保较高的 IT 安全标准，在初始阶段将通过数据自动收集系统进行填充，集成包括研究机构、认证中心、生产企业、运营商等相关用户的工作数据，最终将形成一个统一的数字空间，保障所有实物资产完全数字化，并将其整合到纵向和横向价值链中，以便在符合需求和资源有效利用方面进行优化。

俄罗斯政府 2017 年提出统一数字空间“4.0 RU”系统，在工业生产的所有阶段和级别全面引入数字技术，将数字设计和制造与产品技术相结合。俄罗斯各军工企业都在积极推广数字化技术，将数据作为新型资产、提高工作完成的整体效率，并快速落实新想法。“4.0 RU”系统可以在设计阶段确定所开发产品的最终成本，同时借助物联网环境缩短新产品推向市场的时间，提高生产柔性、产品质量、过程效率，最终获得竞争优势。如下表所列，从俄罗斯联邦政府制定的《2030 年前航空工业发展战略》中可以看到其五大措施方向。

统一数字空间措施方向

方向	具体措施
制定数字空间内航空制造企业统一的工作标准规范	建立数字孪生产品标准及其功能说明规范；编制设计等文件向数字格式的转化规范；编制数字工程、数字和 IT 基础设施的使用规范；制定以模型和数字孪生格式开发和验收产品的法规
为航空制造企业和机构创建统一的信息基础设施	开发能保障用户对数据收集和传输需求的通信网络；开发数据存储和处理中心系统（包括高性能计算、云解决方案）；建设并推广统一的模块化国家数字平台，无缝组合各种系统，使所有用户按统一的数字格式工作，数据自动转换；建设数字技术能力中心
统一编号，实现所有文件在统一数字平台中的使用	以专门设计的格式对纸质载体进行编号；实现使用不同数字格式创建统一格式数字孪生的能力；推动在统一的数字空间中工作，可以使用不同软件产品，不需要软件转换
建立对飞机及设备运行状态数据进行收集、处理、存储和向用户提供的系统	
培养航空工业人员在数字技术领域的能力，培养企业数字领袖和数字化保障专家	

目前，俄罗斯各大航空制造集团纷纷建立数字化设计中心、统一信息环境和超级计算中心，推广数字孪生、增材制造、机器人等先进技术应用，形成智能工厂。例如，俄罗斯最大的机床制造商 STAN、卡巴斯基实验室、物流公司 ITELMA 以及西门子合作演示了 4.0 RU 的一个应用，通过软件实现产品生产的设计和技术准备以及运营管理和生产分析，部署数字物流流程以及整个系统的网络安全解决方案。以 MS-21 飞机螺栓生产过程为例，客户可以在计算机输入所需螺栓的参数，系统会立刻显示哪些企业可以生产，并从合同履行、期限、成本和物流细节等方面进行评级。螺栓的参数可以修改，但如果不符合航空标准，系统会发出警告。客户确定订单后，系统便自动给机床分配任务开始自动制造。

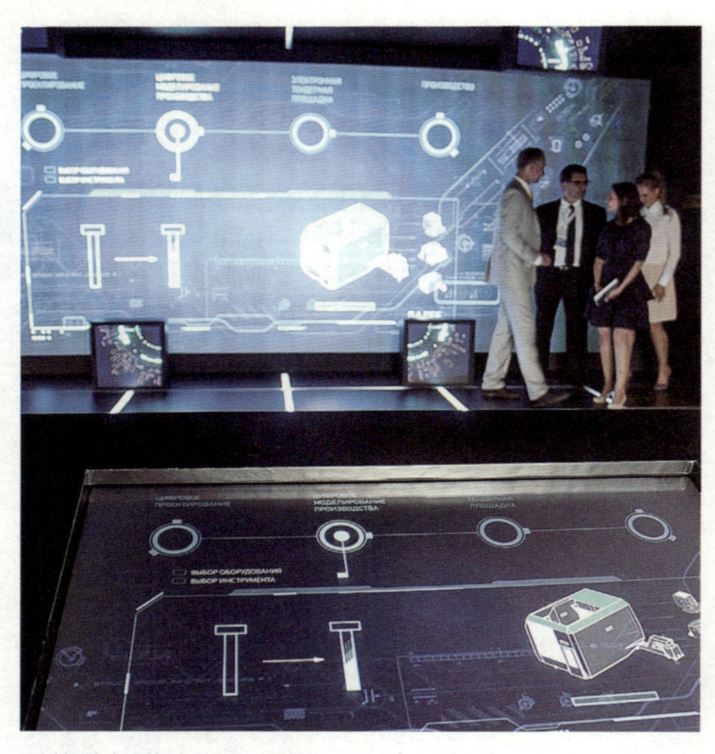

通过螺栓生产演示 4.0 RU 系统

无人化和物联化的日本

日本拥有强大的科技创新能力和机械电子工业，是最早提出建立国际性智能制造研究合作计划（1989 年提出的智能制造系统计划）的国家。近年来，日本在制造业战略层面，明确提到了发展可持续制造、节能/环保/低碳、资源高效利用、智能制造技术，以及面向人口变化的下一代机器人技术、可视化技术和 IT 系统与生产技术的集成、先进测量与分析技术等，是智能制造领域不可忽视的力量。

2012 年，日本机器人占据全球市场份额的 50%，而且机器人的主要零部件，包括精密减速器、伺服电机、重力传感器等，日本占据全球 90% 以上的市场份额。F-35 进气道双机器人钻孔单元，其中一台机器人就是日本发那科公司的产品。2015 年，日本政府公布“机器人新战略”，推动机器人革命，让日本继续成为世界机器人创新基地，迈向领先世界的机器人新时代。机器人革命下的发展思维要改变，如要提升机器人易用性，向与信息技术相融合的自主化、数据终端化、网络化机器人方向发展。

日本在“机器人新战略”框架下成立了产官学一体化的“机器人革命倡议协会”，最先成立了与德国“工业 4.0 平台”相对应的“生产系统变革”工作组，推动工业 4.0 和物联网技术应用于制造业，并且扭转在国际标准上的落后局面。富士通公司是较早响应该战略的企业之一，提出开发智能制造系统，通过更为先进的网络技术和数据共享技术实现生产机器人与工人更密切的合作。公司设计的智能制造系统采用互联网思维，将工厂的机床或其他设备通过网络连接起来，实现更好的数据共享与分析，以预测制造质量，对生产设备进行实时优化；在不停止机床运行的情况下，完成生产指令数据的实时配置或更改，以使工厂能够更快速地响应产品需求变更及新的产品设计需求；此外，公司还正在开发相应软件，帮助生产机器人学习完整的生产任务以便与工人更好地协同工作。

能用自家机器人生产自家飞机零件的川崎重工

“机器人新战略”明确指出物联网技术是日本智能制造发展的重要战略方向之一，并成立“物联网升级制造模式工作组”，旨在弥补日本制造业在物联网技术上的短板。该工作组主要包括以下 4 类工作：梳理物联网升级新制造模式的示范案例；探讨标准化模式，提供参考信息；调研物联网和赛博物理系统在智能工厂中的应用潜力；在政府与德国、美国等有关国际机构协商合作事宜中，提供参考决策。2017 年，为解决“在多种无线通信系统共存的工厂中，无线通信系统之间的信号干扰会导致通信不稳定，进而将影响生产设备操作”的问题，日本 7 家企业和研究机构共同组建“柔性工厂合作伙伴联盟”，旨在加速以无线通信技术为代表的物联网技术在工厂中的应用。

2017 年，日本政府还提出“互联工业”，旨在通过各种互联，包括物与物的连接、人与设备及系统之间的协同、人与技术相互关联、既有经验和知识的传承等，以日本最有优势的“技术力”和“现场（控制）力”为基础，创造新的附加价值的产业社会。受此带动，三菱电机、发那科、德马吉森精机和日立制作所四家日本企业对在各自物联网平台之间建立数据互换机制达成共识。在物联网领域，日本企业的技术水平很高，他们力争把各企业的优势集中起来，以与美、德在工业互联网、工业 4.0 等智能制造竞争中取得优势。机器人与物联网的融合，将使日本加速向机器人总动员的社会形态迈进，以达到日本政府更高层的“社会 5.0”目标——超智能社会。

志在信息通信的韩国

韩国一直希望在未来制造中占据主动，并且为此不遗余力，30 年前就提出过“高级先进技术国家计划”（G7 计划），目标是在工业化方面与 G7 国家平起平坐，其中一个重要措施就是加入智能制造系统计划。韩国的信息通信技术（ICT）近年来得到长足发展，这是其在智能制造中主抓的关键技术。2014 年 6 月，韩国政府推出《制造业创新 3.0 战略》，核心是通过信息通信技术及软件推动制造业创新，以智能工厂为重点，推动制造业变革。

这份战略很“韩国”，韩国政府认为“制造业创新 3.0”不同于“工业 4.0”，他们所主导的是继 18 世纪英国主导的产业革命（1.0）、20 世纪美国主导的 IT 革命（2.0）

看重 ICT 技术的韩国制造

之后，一项结合制造业自动化与 ICT 的制造业创新，即3.0。根据该战略，智能工厂可通过智能传感器和软件监测并记录工厂运行情况，完全取代人类劳动，韩国将面向智能工厂发展大数据、云计算、全息图像、赛博物理系统、节能、智能传感器、物联网、增材制造等 8 项核心智能制造技术。当然，我们也应该看到，韩国的 ICT 产业还存在明显短板，以致被日本一制裁就受到了较大影响，这说明实施智能制造必须有强大的工业基础支持，从高精密的机床硬件到高逼真的仿真软件，甚至到小小的光刻胶。

第 5 章 合众划未来

—— 让科幻片不再遥远

科幻片为我们描绘了一个工业高度发达的未来世界——这是一个变形金刚满地球跑、太空战舰来回巡航太阳系、星际之门瞬间穿越银河的世界。小说家和编剧设计了无数个充满科技感和未来感的概念产品，不过他们肯定不会考虑这些东西未来到底能不能造出来。如果是按照现在的科技发展水平或者资源调配水平，那绝大多数震撼读者和观众的未来科技产品可能是无法成真的。不过，有一点可以确定，那就是未来这些东西一定会是按照智能制造甚至更先进的模式研发、生产和保障的，如果还靠一个个人看着图纸操作工具或者搬运零件，那么像电影《星球大战》里的巨型空间站武器系统“死星”估计没有千秋万代是完不成的，《太空堡垒》里的超大型星际主力战舰“超时空要塞”以及《星际迷航》里的太空飞船“进取”号肯定要靠几辈人才能造出一艘来，《流浪地球》里的一万台行星发动机甚至可能还没造完地球就毁灭了。所以让我们在简单的畅想中结束本书的内容，看看未来可能出现的场景中，更先进些的智能制造如何能让科幻故事“成真”。

5.1 让我们造颗“死星”

电影《环太平洋》中的机甲以现在的水平要造十年

“死星”绝对是《星球大战》中最恐怖的武器了，直径100多千米，可以驻扎百万军队和停靠各种飞行器，配备数千个武装炮台，特别是一个能摧毁整个行星的超级激光炮。“死星”是一个用于纯侵略目的的毁灭性武器，从道义上来讲，正义的一方是不应该建造的，不过我们能不能造得出呢？有人论证过，仅仅消耗的钢材和资金就将是天文数字，地球核心的铁含量虽然可能够用，但如此大规模的开采将会对整个地质造成不可逆的伤害。而且，上百万枚火箭才能将建造材料顺利运送到指定位置，冶炼和物流这两个过程造成的污染已经足以将人类压垮，这还没考虑可能长达成千上万年的建造周期，以及后期运行和维护所需要付出的巨大资源。如果刨去材料相关的可行性问题，理论上还是可能的。所以我们先假定很多条件，如时间估计至少要到 500 年后，人类能够完全团结起来并且联合开发火星矿藏，材料、结构、工艺、能量转换和空间运载等技术都已经达到了很高的水平，等等。

电影《星球大战》中的终极武器——“死星”

上万名顶尖设计工程师同时将 Ω 型脑波感应 VR 收发器戴在双耳上方，闭上双眼，开始了第十次也是最后一次联合设计审查。他们从地球和太空中的不同位置接入到了虚拟的中央设计大厅，展示在他们眼前的是一个可缩放的巨型三维模型（默认 1 ： 100 显示）。星体骨架系统、全向动力系统、能量管理系统、电力输送系统、激光武器系统、自动炮台系统、机库运行系统、指控计算系统、重力平衡系统、生命支持系统、生活舱体系统……这些系统在联合量子计算中心已经完成了几十万次的仿真，系统本身的各种运行以及任何联合的任务执行（包括可毁灭行星的超级激光炮发射）都没有出任何问题，就等这最后一次确认了。在这个虚拟大厅中，每个系统的负责团队都可以聚集在一起仔细地检查设计模型，他们可以瞬间“传送”到自己设计的任意一座炮台那里，再检查一遍各种功能是否设计得完美可靠，炮台是否可以覆盖给定的角度并且能自动发射激光弹命中目标，自动功能故障时能否由备份设备超驰控制，或者由人类无缝切换操作。

在设计“死星”时，由于全面采用了自动化功能分解和模块化系统组合设计方法，人们只要设计一个动力装置、一个炮台、一个舱体，就可以自动生成成百上千个相同的模块，并且它们可以按照规则完美地组合到一起，在一百多千米的直径上严丝合缝，不存在干涉和间隙。所有的能源、动力、空气、液体、食品输送管道也都随之自动生成，完美地匹配到各个功能模块中，连接到各个系统后，能够进行全星体的能量供给分配和电力过载仿真，或者饮用水输送和废液回收回路仿真。如果真的发现问题，团队可以“现场”修改一个模块，在确认修改前会运行仿真看看有没有出现新的问题，然后模型中的所有模块以及相应的结构都会实时更新。在这次虚拟检查的最后，虚拟启动的“死星”成功发射了超级激光炮，摧毁了目标，而没有造成结构的热损坏和能源的超过载，全星各个系统也运行正常。联合量子计算中心也给出了常规使用和灭星行动时，考虑星际碎片和陨石的情况下，死星的连续可靠运行概率和维修间隔预测，供人类最终决策。

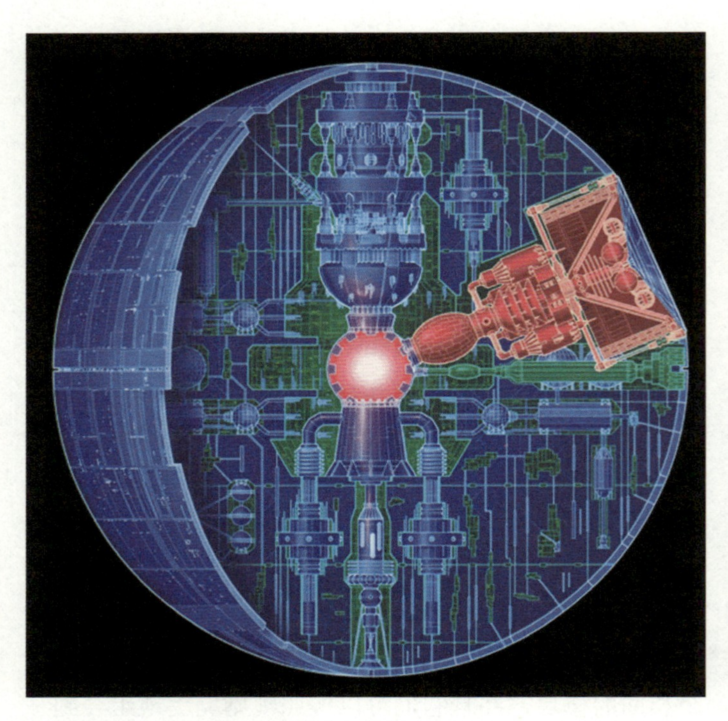

实际要复杂上百倍，仅红色内核直径就有 20 千米

“死星”这种庞然大物，是不可能建在地球上再飞到太空去的，只能把材料运到太空现场制造组装。因此，在一切准备就绪后，地球和月球的物资基地开始有条不紊地准备运往太空的建造材料和制造设备。这些材料是通过星际材料基因组工程，从分子动力学这样的微观尺

度专门设计的宇航级结构材料，这些材料大部分是由碳、硅、氧、氢等最常见的元素化合而成，可用于零重力环境的 3D/4D 打印，并且成品结构具有隔热防火、防辐射等卓越的功能。整个结构设计经过深度拓扑优化，基本都可以用简单的桁架结构外加超薄墙体或壳体实现，即便是承受极高温度的激光武器能量隧道也是如此，这极大减少了需要运输的材料总量以及总重。建造分为三个阶段，参照上图，首先是位于“死星”中央的垂直回转体主结构，这是能量核心所在；然后是按照维度分了几百层的模块化功能结构，包括外层的武装炮台；最后是巨大的激光武器系统，这也是巨型回转体。

大型建造补给母舰源源不断地将材料和制造设备运输到指定位置，开始建造中央垂直回转体主结构。一旦就位，像蜘蛛一样的大型太空 3D 打印船首先飞出来一大批，开始按照量子计算中心基于三维模型所智能演算出的最优路线，在太空引力定位系统的帮助下实现精准“吐丝”，快速成型各种桁架和框架支撑结构。然后，小巧一些的乌贼形 4D 打印船带着更加智能的材料，穿越复杂的桁架和框架结构，完成各种管道和线缆的铺设，如对于输电管线，就可以同时铺设管道和线缆的两种材料，智能管道材料可以在铺设完成后自动围绕线缆伸展，将线缆包裹一圈完成 4D 打印过程。最后，更灵活一些的章鱼形 3D 打印船沿着桁架和框架游走，从多个“触手”中同时挤出材料，迅速完成墙体和壳体的建造。这样，一个像松子掉光后的松果状的“死星”骨架就建造完成了。

对于上万个各种高度模块化的功能舱室，不需要像中央垂直回转体那样近乎串行地连续建造一个完整的主结构，而是可以自由地在太空中并行建造（包括结构和功能接口），然后由自组装飞船推动着，由里向外、一层一层，按照设定的顺序，严丝合缝地完成大部分“死星”结构的组装。至于激光武器系统，建造过程也和中央垂直主结构相似，三类打印船互相配合迅速完成建造，当然，这个“迅速”也是至少要几十年的时间。由于不用考虑重力，建造过程实际上会比在地球上简单一些，更复杂的可能是物资精准配送与精准定位。基本上，死星就可以用这样的方式建成了，当然，我们希望这种武器永远不会出现。

高度模块化可以大大简化设计制造

5.2 人类第一个太空堡垒

相较于“死星”，在200年后，设计和制造太空堡垒或者“进取”号星舰这样只有1千米尺度的宇宙飞船就要简单多了（当然，不考虑光速巡航这样的技术）。根据建造者和拥有者的需求，它们会执行截然不同的使命任务，从而可能具有各不相同的功能和外形。例如，主要从事星际旅行和运输的飞船设计简单，主要以客货舱为主，其他功能会少一些；主要从事外星殖民的母舰外形和内部结构更加复杂，拥有殖民机库，能够承载大量装备和军队，配备了先进的告警和防御系统；主要从事太空战斗的战舰有强大的作战和防御能力，部署了先进战机和各类舰载武器，舰体结构本身就是多种武器的组合；如果需要实现曲率推进和空间跳跃，那么飞船将拥有非常规的布局和构型，如扇形、盘状的融合翼身布局和核动力全尾推进引擎构型，或者巨型双垂尾布局和尾吊式等离子体推进引擎构型。因此，和所有武器装备一样，首先要明确需求，确定宇宙飞船的性能、功能，然后再开展系统设计，从布局到结构到各种功能细节，包括主要工艺和保障方式，最后集中资源实施建造，最终组装的设施类似于大型舰船。正向设计的模式是永远不会过时的。

电影《星际之门》中的银杏叶形母舰

实际上，宇宙飞船主要在无空气阻力的太空飞行，推进装置强大，所以对外形的气动特性考虑很少，主要还是满足推进装置、指挥舰桥、攻防武器、小行星撞击等的功能需求。这样，给定一个大体的外形布局和结构构型，在设计上就可以采用高度模块化组件的自动组合优化设计方法，就好比打造整体橱柜那样，将所有功能按模块化方式设计成功能结构组件，而尺寸和内部隔舱等特征是可调的。这实际上和死星的设计就很像了，但是仍然会有很多非常详细的设计问题，顶层的例如：推进装置需要几套？飞船内部分多少层？这些直接决定了核心系统和内部结构；细一点的例如：机库空间设计多大？舰表“防空”系统怎么布置？备用发电装置如何安全可控？散热通道怎么排布？这与飞船的重要性能和功能息息相关；非常细节的例如：机库舱门单开、双开还是四开？舰体或管道受损后如何快速定位和维修？制氧系统功率需要多少才能全船稳定供氧？舰桥被非法侵占后如何实现超驰控制？救生通道和屏蔽门怎么更好地联动？这涉及了更多功能可实现性和可靠性、生活便利性和安全性等问题。所以，我们必须借助强大的数字工程技术手段。

简单来讲，就是利用人工智能，基于对需求（包括万年不变的性能、成本和进度）的理解，在工艺、安全、维修等约束条件下，通过模块化组件的快速构建与自适应组合，来自动生成方案设计，这个过程中可能会生成上千万种设计方案，然后一步步收敛到几种最佳方案。现在我们就要设计一艘战舰了，经过了数轮的数字化综合论证，所有利益攸关方形成了计算机可以理解的需求条目，输入了由“天网”这样的超级计算机支撑的“海选”设计空间构建与权衡分析系统。首先，考虑顶层的设计需求，“海选”系统生成了十几种可用的布局和构型，

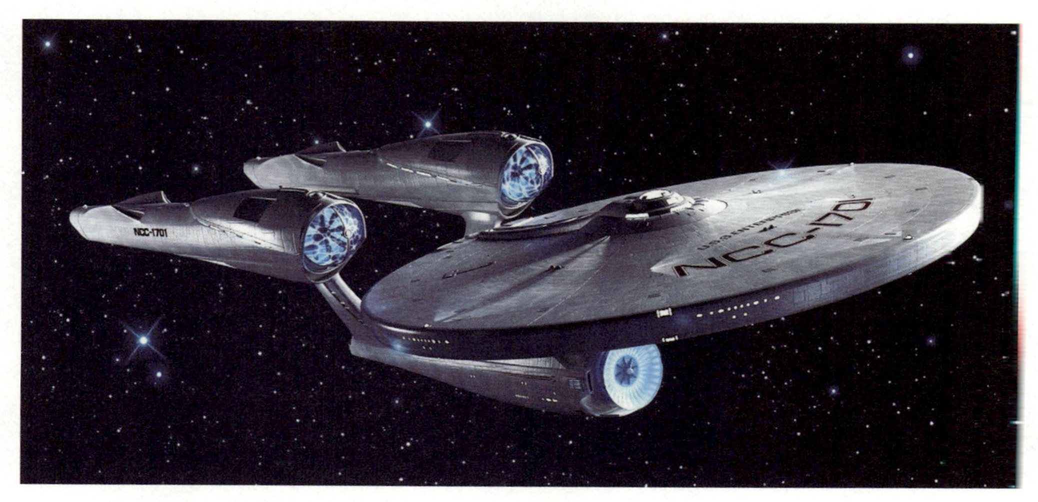

电影《星际迷航》中的经典星舰“进取”号

确定了核心功能系统（包括动力、发电、机库、生活区）的大体位置，以及能量液体、气体和物资输送通道。

然后，基于每种布局和构型，系统接入了功能组件知识库，这个知识库内囊括了好几百类、数以十万计的组件模型，是人类以往工程知识的总库。例如在知识库中，核动力推进装置组件有50种，发电装置组件有30种，舰表激光炮组件有90种，机库组件有20种，逃生舱组件有45种，等等，它们的结构和功能接口都是统一的，尺寸特征和功能参数等细节可智能调整。因此，“海选”系统就可以自动构建全部组件并组合出海量的全尺寸战舰方案，现在方案可能就从十几种变成了上千万种。不过，在海选的同时，就要根据各类约束条件进行权衡分析以收敛方案，如某种动力和发电装置的组合无法满足散热要求，某个机库方案太小无法满足停机数量扩充要求。最后，剩余的数十万种方案继续收敛，这里考虑的就是很多设计细节了，可以是材料选择和工艺成本，也可以是生活舱厕所布局或者灭火装置分布。六个月后，经过若干超级计算机基于云计算的自动设计，最终将筛出个位数的方案呈现给决策者来抉择。

“海选”系统在设计的最后阶段要接入工艺知识库，除了所有材料 - 工艺组合信息外，里面还带有地球上所有的工厂资源信息。因此，最终方案实际上包含了制造工艺设计，比如是用金属还是用复合材料，是用3D打印还是传统锻铸焊接，系统都帮你自动选好。在最终方案中，系统认定将有3000家工厂最终参与战舰的制造，所有带有工艺信息的组件三维模型包（包含所有零件）将迅速发给他们。实际上，对于尺度百米以下的简单结构，利用与21世纪相似的传统制造技术基本就可以应对了，区别就是在更先进的材料和工艺基础上，全面自动化、机器人化，运用数控程序自动生成、操作路径智能规划、工艺实时监测与质量控制、设备故障诊断与自动维护、物资智能分配与全程跟踪等技术，多快好省地完成任务。舰桥的一些嵌入式电子设备可能更先进一些，由标准化的纳米机械按照需求，根据编程信息自动组合形成不同外形、不同功能的设备，使用灵活、维修方便。

复杂激光炮整体一次制造成型

炮厂负责复杂激光炮系统的制造，激光炮主要分为炮筒和底座两个部分，每个部分都由多种材料整体制成，几乎没有紧固件连接。负责炮管的 1 号车间中，数十台大型一体化加工中心同时接收到生产任务和三维模型，然后直接开工。这些中心在一台设备内就同时集成了异种材料 3D 打印、铣削、磨削、热处理、涂层、无损检测等完整功能，配合智能定位操作台，可以自动完成从读取三维模型信息到交付带防辐射隔热涂层的精加工炮筒的整个过程。之后，粒子射流反重力搬运机器人将炮筒送到 2 号车间，与那里的底座进行自动化组装，在运输过程中机器人自动规划最快的安全路线。组装好的激光炮会被运送到总装厂，炮筒从出 1 号车间就被打上了定位信息微芯片，从而可以随时跟踪其去向和制造状态。在激光炮的关键位置还通过3D打印电子材料植入了热电监测传感器，以便激光系统出现故障前能够及时获知。为了更好地降低成本，一些非关键系统不使用这种大型加工中心，而是采用类似分布式的制造系统，将全部制造能力分散在同一个车间的不同单元中，通过智能调度优化生产，让零件在每个单元中停留的时间基本相同，每个单元无缝交接任务，实现流程行业一样的近乎连续的流水线生产。

总装厂是一个长1200米、宽300米、高300米的巨型建筑，建筑顶部布满了高能效太阳能电池板。工厂内部是一个柔性布局船坞，所有土建设施、起重机、龙门吊设备、脚手架等大型设备设施都可以移动、伸缩，并且能够按建造任务调整尺寸、切换功能。一般来讲，大型战舰是由下向上逐层建造的，这和盖楼差不多，只不过会在每一层主体结构完成之后就马上开始内部功能结构搭建。设备设施按任务配置并定位完毕后，数百架反重力无人机伸出强力真空电磁吸盘，以5架为一个单元，将一块块20米×20米的金属基复合材料底板铺设在工厂地面坑槽中，每块板之间的平均缝隙可以控制在0.2毫米以内。龙门吊自动切换为焊接模式，携带20台厚板无焊料深焊机器人沿着龙门吊一字排开，悬停在底板上面，然后同时开动，从头到尾焊接成一块完整的巨型板。之后就是搭骨架一类的工作了，纵向和横向的龙骨框、梁以及各层、各舱段的隔板，依次被起重机或无人机放置在预定位置并且焊接到一起。然后，上百个智能管线布设机器人上阵，从管线库内拣取标准化的管线及配件，按照功能需求将各种管道和线缆自动地布置、安装、铺设、接合到一起，形成极度复杂的管线网络。在主体结构和内部功能结构搭建之间，一些大的动力系统、能量系统、生命支持系统、内部武器系统等被运输和安装完成。

战舰总装与巨轮类似（179 页图的原场景）

“硬装完成”之后开始“软装”，在全球各地建成的各种模块化和定制化的舱室在中央指控系统的调度下分批运来，从里到外被推送进去“填满”整个网格状的骨架，由于设计合理、制造精确，每个舱室都能正好地装入为它预留的空间。最后，战舰所有外部壁板、舱盖和窗口也被自动拼装和焊接，激光炮也被反重力搬运机器人通过壁板预留孔径嵌入到舰体中。太空维修机器人随后出动，检查并修正所有舱盖铰链、壁板接缝、表面涂层等，这样一架“靓丽”的战舰就新鲜出炉了。实际上，这么复杂的生产组织，对生产过程、制造设备、人员物料的智能监控一定是重要的一环，总装厂就是通过物联

像“瓦力”那样的太空维修机器人

网和数字孪生来实现实时监控。例如，工厂所有墙壁都布满信息接收器，所有舱室也都内置定位信息微芯片，可以把其位置和运动过程实时地反馈到工厂数字孪生模型中，通过动态更新的模型，智能监控系统能够知晓每个舱室是否按照预定路径达到指定位置，如果出现意外错误或碰撞危险，系统能够及时通知纠正。对于人也是这样监控，以提高工厂整体的安全性。大型设施设备以及各种无人机、机器人也在关键位置布置了智能传感器，一旦发现失效或故障风险就迅速出具应急计划和维修方案。

战舰上天了，一飞十几年，维护修理是个大问题。实际上，战舰表层分布着激光电磁防护罩，能够避免一些高速尘埃的撞击，而且大部分舰体都是由纳米级颗粒增强的自修复复合材料制成的，有一点小伤都可以自修复。难点在于一些高温高压系统、内部管线的健康管理，赛博系统、机电装置的故障诊断以及穿过小行星带后的舰表修复，健康管理也依赖物联网、数字孪生和中央控制系统基于大数据的人工智能分析。除了遍布的传感器，在庞大的“血管”“神经”和“肌肉”系统中，还游走着大量的微型维修机器人，他们平时游荡在管线之间，如果自己发现了问题，或者中控台提示哪里出现了问题，如气体泄漏、温度升高、漏电短路，附近的机器人就会被派去检查并修复问题。除了执行维修任务外，它们甚至还可以帮助清除人类不经意带上来的老鼠和蟑螂。至于舰表结构，总装厂中的维修机器人稍加改造后的兄弟版本就用在太空中，具备 3D 打印结构修复功能，还可进行焊接、喷涂等操作，可以完成一般的应急维修任务。

5.3 行星发动机万台不是梦

电影《流浪地球》讲述了21世纪，人类带着地球家园逃离太阳系的硬核科幻，北半球和赤道上安装的1.2万台行星发动机，想必大家看了电影一定非常震撼。根据电影资料测算，单个发动机地表高度就达11千米，主体直径15~30千米，加上基座直径至少50千米，如此巨大的发动机群10多年就建完了。这么浩大的全球性工程，如果能够因地制宜那是最好的，就像古希腊剧场，一般是借着地势在一个山坡上开凿出来。然而，光位于北京的发动机地表高度就已经超过了珠穆朗玛峰2千米，理想的大火山估计也是难以找到的，而且，这建造高度还不包括发动机庞大的地下部分以及地下城。

再仔细计算一下，一个发动机占地至少2500平方千米，1万台就是0.25亿平方千米，占北半球陆地总面积的四分之一！因此可以说，以未来几十年的技术，即使全人类同仇敌忾，可能在21世纪之内估计能建成120座就不错了。当然，这仍然不影响我们畅想一下这种浪漫的集体主义场景，看看人类怎么把这万台行星发动机给造出来。这次，人类就真的只能劲儿往一处使，高效征集全部资源，一切非必需的工业生产都为行星发动机让道，从零开始建造这一万台庞然大物。

严格来讲，死星、太空堡垒和行星发动机这样的庞然大物，它们的骨架主结构建造其实更像建筑施工，如鸟巢这样的钢结构建筑的建造。从设计图上可以看到，行星发动机的骨架主结构主要包括中央重核反应炉、垂直燃烧推进塔以及 7 根扶壁式侧柱。在建造的过程中，应该是先造垂直塔的下半部分，之后是侧柱，然后是垂直塔的上半部分，最后是中央炉。飞船尺度小还好，死星非常大但是建造过程零重力，而行星发动机就不一样了，光是“一根”侧柱就可能长达 10 千米，比鸟巢的“一根”钢结构柱长 20 倍，宽更是多了上千倍。按照“平方—立方定律”（面积和体积呈指数级增长，因此不会有什么巨型蜘蛛，它会被自己的重量压塌），现有材料可能

整个工程应该比“死星”困难百倍

无法支撑这个尺度的结构，必须首先狠下功夫进行材料和结构创新。幸好我们拥有材料基因组或者说集成计算材料工程（ICME），可以从分子动力学层面开始设计材料、结构以及工艺，这又是数字工程技术的重要应用。最终的侧柱骨架结构可能就像三一重工 2020 年 7 月刚交付的超级起重机那样，是一个大型桁架结构，就像死星上用 3D 打印最先建造的那些结构。这个起重机的最大起重力矩达到 90000 吨 · 米，能够吊起 4000 吨的重物，可能侧柱建造安装还需要它帮忙。时间紧迫，垂直塔和侧柱的建造可能就要交给建筑工程师了，我们看看反应炉。

行星发动机通过重元素的核聚变（硅 - 铁）来产生能量，假设重元素可控核聚变技术（我们现在连可控的氢 - 氦聚变还没有实现）已经实现，这里的另一个问题是，在足够的（可能要几千个）大气压下，硅聚变需要至少 30 亿摄氏度的温度，而且还要长期维持可控反应和能量输出，这对于反应炉的材料、结构、工艺和维护的要求就非常高了。材料需要用 ICME 来开发，可能必须是梯度材料结构，即用两种（或多种）性能不同的材料，

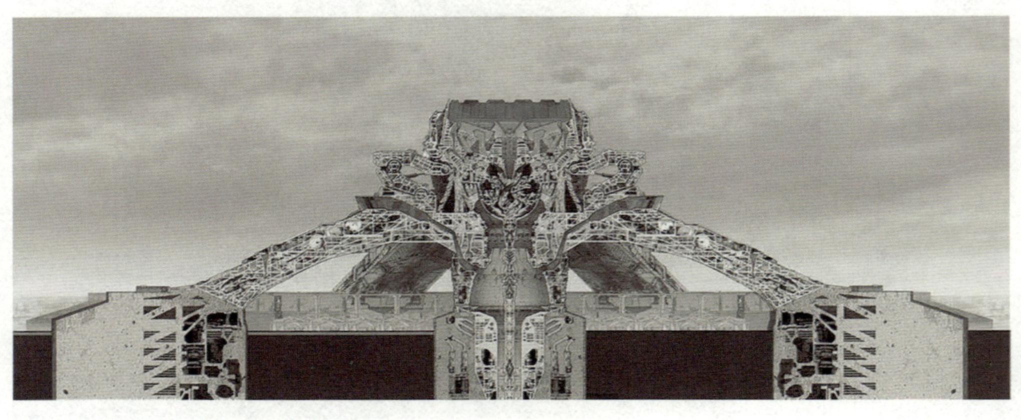

从设计图中可以看到侧柱的复杂桁架结构

通过连续地改变这些材料的组成和结构，使其界面消失，导致材料的性能随着材料的组成和结构的变化而缓慢变化，比如外壁是起结构支撑作用的轻量化金属，中壁是起高压承载作用的金属基复合材料，内壁是起高温隔离作用的陶瓷基复合材料。对这个结构的性能、工艺和运行进行基于分子甚至原子尺度的仿真和虚拟试验，可能需要全球所有的超级计算机同时进行云计算。

然后，就是由中央指控系统智能分配生产任务了，不是所有反应炉结构都需要使用梯度材料结构，而梯度材料结构可以使用传统的锻铸焊等工艺，也可以使用多材料 3D 打印工艺，时间紧迫，因此需要精准高效地匹配资源。1.2 万台行星发动机不会同时建造，每台的位置也不同，所以如果征用的工厂设施和制造设备不能迅速迁移到发动机附近，那么就需要按照就近原则智能分配所有设施和设备，确保每个反应炉的工期都不会差太多。每个零部件照例要打上标签进行跟踪，这项工作也许可以靠马斯克的“星链”网络完成，而一旦属于某个反应炉的制造工作完成，所有零部件（可能包括一定关键备件）已经运抵发动机处，那么相关的设施和设备会自动被分配给新的反应炉，争分夺秒与时间赛跑。

这里还涉及一个标准化的问题，反应炉的设计只有一个，但是仅仅参与某一个零件的某道工序的机床可能就有上百个品牌的不同型号的设备，如果一个工序因为标准不统一而尺寸出现误差，那么经过数百道工序的累积，然后还有百万级的零部件都有可能出现误差累积，那么最终的偏差将可能是海量的。如果这 1.2 万台反应炉的制造过程与设计偏差太大，那肯定在组装和运行时会出现不可挽回的问题。所以实际上，在反应炉进行设计的同时，就需要给所有机床进行软件升级甚至硬件改造，让它们执行同样的智能制造标准，可以读取同一个三维模型并自动生成同样的工艺。

这时，所有政府、企业、工会甚至黑客都会精诚协作，可能就不存在什么市场竞争、知识产权的保护以及工控系统的赛博安全问题了，统一标准的效率确实会高很多。当然，智能的工艺过程控制也已经过标准化，以确保不同的机床都可以严格按照设计生产出高质量的产品。曾经，巴别塔的故事就是人类因为语言不通，而最终无法合作完成直冲云霄的通天塔的建造，而现在，通过数字工程和智能制造的标准化，堪比通天塔的行动发动机的建造中，不再存在“语言不通”的问题，别说是1台，1.2万台应该也不在话下了。

最后，还有一个问题，那就是行星发动机会运行上千年，维护和修理的工作量也是惊人的，电影中反应炉的点火段舱门就在关键的时间点“卡壳”了。1.2万台发动机，其中还有2000台是带有巨大活动部件的转向发动机，出现结构失效或者功能故障的概率非常大。如此巨大的发动机，只能依靠传感器和数字孪生来预测问题了，当然，还有重新调整位置的“星链”卫星来传输数据。每个发动机都可以有一个高性能计算（HPC）系统，通过部署在关键位置的传感器的应力、温度等数据，在专属于该发动机的数字孪生模型中进行实时健康管理。这些数据又会都上传到一个基于区块链的分布式管理系统（替代原有的中央指控系统以分散风险），并分发给各个发动机的HPC系统进行机器学习。如果出现任何问题，大型修理机器人或者穿着机械外骨骼的维修人员会第一时间赶到处理，当然，如果是电影里那种烧穿地下城的大问题，可能就无能为力了，因此要时时防微杜渐。通过严密地监控各个发动机关键零部件的状态和整体工况，将可能出现的灾难性问题扼杀在苗头，“点燃木星”之后，剩余的行星发动机将继续陪伴我们飞行到最终目的地。